河北南部电网调度运行人员

职业能力培训专用教材

国网河北电力调度控制中心　组编

中国电力出版社
CHINA ELECTRIC POWER PRESS

图书在版编目（CIP）数据

河北南部电网调度运行人员职业能力培训专用教材 ／ 国网河北电力调度控制中心组编.
北京：中国电力出版社，2024. 9. -- ISBN 978-7-5198-9049-0

Ⅰ. TM73

中国国家版本馆 CIP 数据核字第 20244SE886 号

出版发行：中国电力出版社
地　　址：北京市东城区北京站西街 19 号（邮政编码 100005）
网　　址：http://www.cepp.sgcc.com.cn
责任编辑：周秋慧（010-63412627）
责任校对：黄　蓓　常燕昆
装帧设计：赵丽媛
责任印制：石　雷

印　　刷：三河市万龙印装有限公司
版　　次：2024 年 9 月第一版
印　　次：2024 年 9 月北京第一次印刷
开　　本：710 毫米×1000 毫米　16 开本
印　　张：16
字　　数：276 千字
定　　价：96.00 元

编委会

前　言

电网调度是电网运行的中枢与大脑。调度运行人员是电网实时运行控制的指挥者、检修工作安排的协调者、电力可靠供应的保障者。近年来，随着新能源发电、特高压交直流、柔性电网控制装置等技术的快速发展，以及新型电力系统建设的深入推进，电网发展日新月异，打造素质更高、能力更强的调度运行队伍，服务现代化调度体系建设，守牢大电网安全生命线，是各级调度系统工作的重中之重。为了总结多年来河北南部电网调度运行的理论知识与实践经验，促进各级调度运行人员培训学习，提高调度运行人员综合能力，国网河北电力调度控制中心组织编写了《河北南部电网调度运行人员职业能力培训专用教材》。

本书立足河北南网调度运行工作实际，系统阐述了电网运行的基本原理，调度运行业务应遵守的法律法规及各项规章制度，以及电网运行新技术的发展与应用，力图在夯实调度运行人员基础业务能力的同时，拓宽调度运行人员视野，有利于调度运行人员适应新型电力系统的建设与发展。由于本书立足实际，主供现场工作人员使用，书中仍使用部分旧称（如"开关""刀闸"等），示意图中仍使用部分旧符号。

本书共分为9章：第1章介绍了电网基础知识、电网调度控制管理规程、继电保护设备及安全自动装置等；第2～5章介绍了电网调度运行业务各环节的规范与标准，包括电网检修工作票管理、电网倒闸操作管理、电网故障及异常处置、电网新设备投运等；第6章介绍了电力现货市场的基本概念及运行机制；第7章介绍了电网在线安全分析的方法与典型案例；第 8 章介绍了特高压直流输电基本原理与运行规定；第 9 章介绍了电网调度运行新技术，包括新一代调度技术支持系统、新型有源配电网、空间感应电压技术等。

　　本书主要作为各级调度运行人员培训用书，也可供变电站、升压站、发电单位运行人员参考。由于本书涉及内容广泛、编者水平有限，书中难免存在疏漏之处，敬请广大读者提出宝贵意见。

编　者

2024 年 8 月

目　录

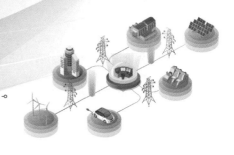

1 电网调度运行基础知识

1.1 电网基本概念

1.1.1 电力系统简介

1. 电力系统组成

电力系统是由发电、供电（输电、变电、配电）、用电设施以及为保障其正常运行所需的调节控制及继电保护和安全自动装置、计量装置、调度自动化、电力通信等二次设施构成的统一整体，它是按规定的技术和经济要求组成的，并将一次能源转换成电能输送和分配到用户的一个统一系统。

一般把电力系统中的发电、输电、变电、配电等一次系统及相关继电保护、计量和自动化等二次网络统称为电力网络，俗称电网。电网的作用是将发电厂发出的电力电能由输电线路送至变电站母线，通过母线进行同级电压的电力电能的汇集、分配，同时通过变压器向不同电压等级的配电网进行分配，其运行控制采取由调度机构统一指挥的方式实施。电网一般可分为输电网和配电网。

输电网是将发电厂、变电站或变电站之间连接起来的送电网络，主要承担输送电能的任务。根据输电电压的不同又可以分为高压输电网（110～220kV）、超高压输电网（330～750kV）和特高压输电网（1000kV及以上）。输电网是电力系统中的主要网络（简称主网），起电力系统骨架的作用，所以又可称为网架。在现代输电网中既有超高压交流输电，又有超高压直流输电，这样的输电系统通常称为交、直流混合输电系统。

配电网是指从输电网或地区发电厂接受电能，通过配电设施就地分配或按电压逐级分配给各类用户的电力网。配电网是由架空线路、电缆、杆塔、配电变压器、隔离开关、无功补偿器及一些附属设施等组成，在电力网中起重要分配电能作用的网络。根据电压的不同，配电网可分为高压（一般为35～110kV）、中压（6～10kV）和低压（一般采用380V和220V）配电网。

2. 电力系统特点

（1）传统电网特点。

1）电力生产的同时性。发电、输电、供电是同时完成的，电能不能大量储存，必须保持发用电平衡。

2）电力生产的整体性。发电厂、变压器、高压输电线路、配电线路和用电设备在电网中形成一个不可分割的整体，缺少任一环节，电力生产都不可能完成；相反，任何设备脱离电网都将失去意义。

3）电力生产的快速性。电能输送过程迅速，其传输速度与光速相同，达到30万km/s，即使相距几万千米，发电、供电、用电都在瞬间实现。

4）电力生产的连续性。电能的质量需要实时、连续地监视与调整。

5）电力生产的实时性。电网事故往往发展迅速，涉及面大，需要实时安全监视。

6）电力生产的随机性。由于负荷变化、异常情况及事故的发生具有随机性，因而电能质量的变化也是随机的。因此，在电力生产过程中需要进行实时调度，并由安全监控系统实时跟踪随机事件，以保证电能质量及电网安全运行。

（2）现代大电网特点。近年来我国电网发展迅速，随着网架结构的不断加强与控制，保护、通信等技术的不断进步，现代大电网又产生了一些新的特点：

1）由坚强的超/特高压系统构成主网架。

2）各电网之间联系较强。

3）电网电压等级简化。

4）具有足够的调峰、调频、调压容量，能够实现自动发电控制。

5）具有较高的供电可靠性，电能在电网和用户间双向流动。

6）具有可靠的安全稳定控制系统。

7）具有高度自动化的监控系统。

8）具有高度现代化的通信系统。

9）具有适应电力市场运营的技术支持系统。

10）具有智能化的电网调度、控制和保护系统。

11）具有大规模接纳可再生能源电力的能力。

3. 电网运行基本要求

（1）最大限度地满足用户的需要。

（2）保证供电的可靠性。

（3）保证良好的电能质量。

（4）努力提高电力系统运行的经济性。

4. 电力系统频率与电压

（1）电力系统频率特性。电力系统频率特性包括负荷频率特性和发电频率特性，又分为频率静态特性和频率动态特性。电力系统频率特性的最大特点：在一般运行情况下，系统各点的频率基本相同。

电力系统频率特性是电力系统频率调整装置、自动低频减负荷装置、电力系统间联络线交换功率自动控制装置等进行整定的依据。不同种类的负荷对频率的变化关系各异，有的与频率无关，有的与频率的一次方、二次方或更高次方成正比。

为保证电力系统频率稳定，需要进行电力系统频率调整，调整的主要方法包括频率一次调整、二次调整与三次调整，其含义分别如下：

1）由发电机调速系统频率静态特性而增减发电机的出力所起到的调频作用叫频率的一次调整。在电力系统负荷发生变化时，仅靠一次调整是不能恢复系统原来运行频率的，即一次调整是有差调整。

2）为了使系统频率维持不变，需要运行人员手动操作或调度自动化系统（AGC）自动操作，增减发电机组的发电功率，进而使频率恢复目标值，这种调整称为二次调整。

3）频率二次调整后，使有功功率负荷按最优分配，即经济负荷分配，是电力系统频率的三次调整。

（2）电力系统电压特性。电力系统电压特性是指电力系统电压与系统功率间的相互关系。电力系统电压特性的最大特点是系统的各点电压各有其特定的数值，这些数值决定于该点的电源电压与通过该点的有功及无功功率，其中通过无功功率的大小对电压的影响最大。

无功负荷包括电力网中变压器与输电线路消耗的无功功率和用户中各种用电设备消耗的无功功率。其中，主要消耗者是用电设备中大量的异步电动机，它对电力系统的无功负荷电压特性起决定作用。

调相机、发电机、静电电容器、静止无功补偿器（发生器）等都是无功电源设备。发电机增减其无功出力可使电压升高或降低，但发电机主要是发出有功功率，且现代电力系统发电机多远离负荷，一般用发电机所发的无功出力补偿输电线路损耗或吸收线路多余的无功功率。

电网无功补偿按"分层分区"和"就地平衡"的原则考虑，并应能随负荷或电压进行调整，保证系统各中枢点的电压在正常和事故后均能满足规定的要求，避免经长距离线路或多级变压器传送无功功率。

（3）对比分析。电力系统的频率特性取决于负荷的频率特性和发电机的频率特性，它是由系统的有功负荷平衡决定的，且与网络结构（网络阻抗）关系不大。在非振荡情况下，同一电力系统的稳态频率是相同的。因此，系统频率可以集中调整控制。电力系统的电压特性与电力系统的频率特性则不相同。电力系统各节点的电压通常情况下是不完全相同的，主要取决于各区的有功和无功供需平衡情况，也与网络结构（网络阻抗）有较大关系。因此，电压不能全网集中统一调整，只能分区调整控制。

5. 电力系统接线方式

（1）电网主接线方式。电网主接线方式可分为有备用和无备用两大类。无备用接线方式包括单回的放射式、干线式、链式网络。有备用接线方式包括双回路的放射式、干线式、链式、环式（包含双回路环式）和两端供电网络。

无备用接线方式主要优点是简单、经济、运行方便，主要缺点是供电可靠性差，因此这种接线不适用于一级负荷占比很大的场合。但在一级负荷占比不大，并可为这些负荷单独设置备用电源时，仍可采用这种接线方式。这种接线方式之所以适用于二级负荷是由于架空电力线路已广泛采用自动重合闸装置。

有备用接线方式中，双回路的放射式、干线式、链式网络的优点是供电可靠性和电压质量高，缺点是不够经济。由于双回路放射式接线对每一负荷都以两回路供电，每回路分担的负荷不大，而在较高电压等级网络中，为了避免发生电晕等原因不得不选用大于这些负荷所需的导线截面积，以致浪费有色金属；干线式或链式接线所需的断路器等高压电器很多，有备用接线中的环式接线有与上列接线方式相同的供电可靠性，且相比更加经济，缺点为调控运行较复杂，且故障时的电压质量差。目前，在有些负荷中心区域还采用了双回路环网来提高供电可靠性，有备用接线中的两端供电网络最常见，但采用这种接线的先决条件是必须有两个或两个以上独立电源，而且它们与各负荷点的相对位置又决定了采用这种接线的合理性。

（2）变电站接线方式及特点。

1）变电站接线方式。

a. 单母线：单母线、单母线分段、单母线或单母线分段加旁路。

b. 双母线：双母线、双母线分段、双母线或双母线分段加旁路。

c. 三母线：三母线、三母线分段、三母线分段加旁路。

d. 3/2 接线、3/2 接线母线分段。

e．4/3 接线。

f．母线—变压器—发电机组单元接线。

g．桥形接线：内桥形接线、外桥形接线、复式桥形接线。

h．角形接线（或称环形接线）：三角形接线、四角形接线、多角形接线。

2）变电站接线的特点。以上接线方式适用于不同场景，有如下特点：

a．单母线接线：具有简单清晰、设备少、投资小、运行操作方便且有利于扩建等优点，但可靠性和灵活性较差。当母线或母线隔离开关（刀闸）发生故障或检修时，必须断开母线的全部电源。

b．双母线接线：具有供电可靠、检修方便、调度灵活及便于扩建等优点，但这种接线所用设备多（特别是刀闸），配电装置复杂，经济性较差。在运行中刀闸作为操作电器，容易发生误操作，且对实现自动化不便；尤其当母线系统故障时，须短时切除较多电源和线路，重要的大型发电厂和变电站是不允许进行以上操作的。

c．单、双母线或母线分段加旁路：供电可靠性高，运行灵活方便，但投资有所增加，经济性稍差。特别是用旁路开关代路时，操作复杂，增加了误操作的机会，同时由于加装了旁路开关，相应的保护及自动化系统会更加复杂。

d．3/2 接线及 4/3 接线：具有较高的供电可靠性和运行灵活性，任一母线故障或检修均不致停电。除联络开关故障时与其相连的两回线路短时停电外，其他任何开关故障或检修都不会中断供电，甚至两组母线同时故障或一组检修时另一组故障的极端情况下，仍能继续输送功率。此接线方式使用设备较多，特别是开关和电流互感器，投资较大，二次控制接线和继电保护都比较复杂。

e．母线—变压器—发电机组单元接线：具有接线简单，开关设备少，操作简便，宜于扩建，以及因为不设发电机出口电压母线，发电机和主变压器低压侧短路电流减小等特点。

6．区域电网互联

（1）区域电网互联的意义与作用如下：

1）可以合理利用能源，加强环境保护，有利于电力工业和社会可持续发展。

2）可以在更大范围内进行水、火及新能源发电调度，取得更大的经济效益。

3）可以安装大容量、高效能火电机组、水电机组和核电机组，有利于降低造价，节约能源，加快电力建设速度。

4）可以利用时差、温差，错开用电高峰，利用各地区用电的非同时性进行负荷调整，减少备用容量和装机容量。

5）可以在各地区之间互供电力、互为备用，可减少事故备用容量，增强抵御事故能力，提高电网安全水平和供电可靠性。

6）有利于改善电网频率特性，提高电能质量。

（2）联络线控制方法。联络线是不同区域电网之间的电力传输通道，常见的联络线控制方法主要有恒定频率控制、恒定联络线交换功率控制、联络线和频率偏差控制三种。

1）恒定频率控制的目标是维持系统频率恒定，对联络线上的交换功率则不加控制，适用于独立电网或交流联网系统。

2）恒定联络线交换功率控制的目标是维持联络线交换功率恒定，对系统频率则不加控制，适用于交流联网系统中的小容量系统。

3）联络线和频率偏差控制的目标是维持各分区功率增量的就地平衡，既要控制频率，又要控制交换功率，是互联电网最常用的方式。

7．河北南部电网简介

河北南部电网（简称河北南网）地处河北省中南部，包括石家庄、邢台、邯郸、保定、衡水、沧州六市及雄安新区，现有98个县级供电企业，供电面积8.4万km²，服务人口5100余万人。

河北南网处于全国西电东送、南北互供的核心通道，是华北电网"西电东送、南北互供、全国联网"的重要枢纽，京津唐、山东电网都通过河北南网转受大量电力，承担着服务河北经济社会发展、保障首都电力供应的重要职责。目前，河北南网全网形成特高压"双落点"、500kV四横两纵"目"字型网格结构、220kV分区供电的整体格局。

截至2023年底，河北南部全口径装机容量超过6500万kW，其中新能源装机容量占比超过50%，新能源发电量约占全口径发电量的17%；河北南部电网500kV变电站已经超过20座、220kV变电站超过270座，220kV及以上线路超过740条，线路总长度接近2万km。

1.1.2　电网主要设备

电网设备主要分为一次设备和二次设备。一次设备是直接生产、输送和分配电能的高压电气设备，包括生产、变换电能的设备（如发电机、变压器），断路器（开关）设备[如高、低压断路器（开关）、隔离开关（刀闸）等]，限流限压设备（如避雷器、高/低压电抗器），接地装置，载流导体（如母线、电力电缆等）。二次设备是对一次设备进行控制、测量、监视和保护的低压电气设备，包括测量表计（如电压/电流互感器、功率表）、继电保护及自动装置（如各种继电保护装置、端子排）、直流设备（如直流发电机、蓄电池）等。

1. 一次设备

（1）断路器：能够关合、承载和开断正常回路条件下的电流，并能关合、在规定的时间内承载和开断异常回路（包括短路条件）下的电流的开关装置。

（2）隔离开关：在电路中起隔离作用，建立可靠的绝缘间隙，将需要检修的设备或线路与电源用一个明显的断开点断开，主要特点是无灭弧能力。断路器和隔离开关如图1-1所示。

图 1-1　断路器和隔离开关

（3）主变压器：变压器是利用电磁感应的原理来实现能量传递和电压变换的电气设备，主要构件是线圈和铁芯。主变压器如图1-2所示。

图 1-2　主变压器

（4）站用变压器：供给变电站内部用电的变压器。站用变压器如图1-3所示。

图1-3　站用变压器

（5）电压互感器（TV）：电压互感器和变压器类似，是用来变换电压的仪器，将高电压按比例转换成低电压，一次侧接一次系统，二次侧接测量仪表、继电保护等，主要有电磁式、电容式、电子式、光电式。

（6）避雷器：用于保护电气设备免受雷击时高瞬态过电压危害，并限制续流时间。电压互感器和避雷器如图1-4所示。

（7）电流互感器（TA）：原理同电压互感器类似，不同的是电流互感器变换的是电流，是将数值较大一次电流转换成数值较小的二次电流，有保护测量等用途。电流互感器如图1-5所示。

图1-4　电压互感器和避雷器

图1-5　电流互感器

（8）电力电容器：一种无功补偿装置，是减少电网无功损耗，提高功率利用率的有效元件。电容器组如图1-6所示。

（9）电抗器：也称电感器。电力系统中采用的电抗器常见的有串联电抗器和并联电抗器。串联电抗器主要用来限制短路电流，也有在滤波器中与电容器串联或并联用来限制电网中的高次谐波。并联电抗器是用来吸收电网的充电容性无功的，并可以通过调整并联电抗器的数量来调整运行电压。电抗器如图1-7所示。

图1-6 电容器组

图1-7 电抗器

（10）母线：变电站中线路和其他电气设备间的总的连接线，分为主母线和旁路母线，用以传输、汇集和分配电能。母线如图1-8所示。

图1-8 母线

（11）GIS设备。全封闭组合电器（GIS）是一种以SF_6气体作为绝缘和灭弧介质的封闭式成套高压电器。GIS组合电器，包括断路器、隔离开关、接地开关、电压互感器、电流互感器、避雷器、母线、电缆终端或套管等，经优化设计有机地组合成一个整体，并封闭于金属壳内，充满SF_6气体作为灭弧和绝缘介质组成的封闭组合电器。为了便于GIS组合电器内各个设备的独立检修，断路器、隔离开关、接地开关、电压互感器、电流互感器、避雷器、母线按照一定的原则设置了一定数量相对独立的设备气室。

2．二次设备

（1）各类一次设备的保护装置（变压器保护、母线保护、线路保护、断路器保护、电容器保护、电抗器保护、站用变压器保护等）。保护装置是完成继电保护功能的核心，能反映电网中电气元件发生故障或不正常运行状态，并动作于断路器跳闸或发出信号的一种自动装置。

（2）安全稳定自动装置。用于防止电力系统稳定破坏、防止电力系统事故扩大、防止电网崩溃及大面积停电以及恢复电力系统正常的各种自动装置的总称，如电网安全稳定控制装置、自动重合闸、备用电源或备用设备自动投入、自动切负荷、低频和低压自动减载等。

（3）无功电压自动调控系统（AVC）。实现对35kV电容器组、电抗器组设备的自动投切，形成省级无功电压优化闭环控制系统。

（4）故障录波器。电力系统事故及异常情况重要的自动记录装置。

（5）站端自动化系统。主要包括测控装置、远动通信装置、网络通信设备、保护测控一体装置等。变电站综合自动化系统是利用先进的计算机技术、现代电子技术、通信技术和信息处理技术等对变电站二次设备（包括继电保护、控制、测量、信号、故障录波、自动装置及远动装置等）的功能进行重新组合、优化设计，对变电站全部设备的运行情况进行监视、测量、控制和协调的一种综合性的自动化系统。

1.2 电力系统调度运行

1．国家电网公司调度（简称国调）及分中心主要职责

（1）负责国家电网公司500kV以上主网调度运行管理，指挥直调范围内电网的运行、操作和故障处置。

（2）组织开展调管范围内电网运行方式分析，制定国家电网公司年度运行方式。

（3）组织制定国家电网公司主网设备年度停电计划，制定调管设备月度、日前停电计划，受理并批复调管设备的停电、检修申请。

（4）开展国家电网公司月度、日前电力电量平衡分析，按直调范围制定月度、日前发输电计划。

（5）负责国家电网公司稳定管理，制定直调电源及输电断面的稳定限额和安全稳定措施。

（6）负责跨区、跨省联络线控制管理，指挥电网频率调整。

（7）负责直调范围内电网无功管理与电压调整。

（8）参与电力系统事故调查，组织开展调管范围内故障分析。

（9）负责组织开展直调范围内电网继电保护和安全自动装置定值的整定计算，负责直调范围内电网继电保护、安全自动装置和调度自动化系统的运行管理。

（10）负责统筹协调与国家电网公司运行控制相关的通信业务。

（11）参与国家电网公司发展规划、工程设计审查，组织编制国家电网公司调控运行专业规划。

（12）受理并批复直调设备新建、扩建和改建的投入运行申请，编制新设备启动调试调度方案并组织实施。

（13）参与签订直调系统并网协议，负责编制、签订相应并网调度协议，并严格执行。

（14）编制直调水电站水库发电调度方案，参与协调水库发电与防洪、防凌、航运、供水等方面的关系。

（15）负责电网调度系统值班人员的考核工作。

2. 省电力公司调度（简称省调）主要职责

（1）落实国调及分中心专业管理要求，组织实施省级电网调度控制专业管理。

（2）负责省级电网调度运行管理，指挥直调范围内电网的运行、操作和故障处置。

（3）负责设备监控管理，负责监控范围内设备集中监视、信息处理和远方操作。

（4）开展调管范围内电网运行方式分析，根据国家电网公司年度运行方式制定省级电网运行方式。

（5）根据国家电网公司主网设备年度停电计划，制定调管设备年度、月度、日前停电计划，受理并批复调管设备的停电、检修申请。

（6）开展省级电网月度、日前电力电量平衡分析，按直调范围制定月度、日前发供电计划。

（7）负责省级电网稳定管理，制定直调电源及输电断面的稳定限额和安全稳定措施。

（8）负责控制区联络线关口控制，参与电网频率调整。

（9）负责直调范围内无功管理与电压调整。

（10）参与电力系统事故调查，组织开展调管范围内故障分析。

（11）负责组织开展直调范围内电网继电保护和安全自动装置定值的整定计算，负责直调范围内电网继电保护、安全自动装置和调度自动化系统的运行管理，协助开展省域内国调及分中心直调的电网继电保护和安全自动装置运行管理。

（12）负责统筹协调与省级电网运行控制相关的通信业务。

（13）参与省级电网发展规划、工程设计审查，编制省级电网调控运行专业规划。

（14）受理并批复直调设备新建、扩建和改建的投入运行申请，编制新设备启动调试调度方案并组织实施。

（15）参与签订直调系统并网协议，负责编制、签订相应并网调度协议，并严格执行。

（16）编制直调水电站水库发电调度方案，参与协调水库发电与防洪、防凌、航运、供水等方面的关系。

（17）行使国调及分中心授予的其他职责。

3. 地调主要职责

（1）落实上级调控机构专业管理要求，组织实施本地区调度控制专业管理。

（2）负责本地区电网调度运行管理，指挥直调范围内电网的运行、操作和故障处置。

（3）开展调管范围内电网运行方式分析，制定本地区电网运行方式。

（4）根据省调主网设备年度停电计划，制定调管设备年度、月度、日前停电计划，受理并批复调管设备的停电、检修申请。

（5）负责所辖电网稳定管理，制定直调电源及输电断面的稳定限额和安全稳定措施。

（6）负责本地区经济调度管理及调管范围内的网损管理，提出降损措施，并督促实施。

（7）负责本地区电网无功管理，根据上级调控机构要求组织开展电压调整。

（8）参与电力系统事故调查，组织开展调管范围内故障分析。

（9）负责组织开展本地区继电保护和安全自动装置定值的整定计算，负责直调范围内电网继电保护、安全自动装置和调度自动化系统的运行管理，协助开展本地区上级调控机构直调的电网继电保护和安全自动装置运行管理。

（10）负责统筹协调与本地区电网运行控制相关的通信业务。

（11）参与本地区电网发展规划、工程设计审查，编制本级电网调控运行专业规划。

（12）受理并批复直调设备新建、扩建和改建的投入运行申请，编制新设备启动调试调度方案并组织实施。

（13）参与签订直调系统并网协议，负责编制、签订相应并网调度协议，并严格执行。

（14）行使本单位及上级调控机构授予的其他职责。

4. 县调主要职责

（1）落实上级调控机构专业管理要求，组织实施本县域调度控制专业管理。

（2）负责本县域电网调度运行管理，指挥直调范围内电网的运行、操作和故障处置。

（3）负责设备监控管理，负责监控范围内设备集中监视、信息处置和远方操作。

（4）开展调管范围内电网运行方式分析，制定本县域电网运行方式。

（5）根据地调主网设备年度停电计划，制定调管设备年度、月度、日前停电计划，受理并批复调管设备的停电、检修申请。

（6）负责所辖电网稳定管理，制定直调电源的安全稳定措施。

（7）负责本县域经济调度管理及调管范围内的网损管理，提出降损措施，并督促实施。

（8）负责本县域电网无功管理，根据上级调控机构要求组织开展电压调整。

（9）参与电力系统事故调查，组织开展调管范围内故障分析。

（10）协助地调开展本县域继电保护和安全自动装置定值的整定计算，直调范围内电网继电保护、安全自动装置和调度自动化系统的运行管理，本县域上级调控机构直调的电网继电保护和安全自动装置运行管理。

（11）负责统筹协调与本县域电网运行控制相关的通信业务。

（12）参与调管范围内电网调度控制、变电站监控等系统安全防护管理；参与并网发电厂（站）涉网部分的电力监控系统和相关发电装置安全防护的技术监督管理；参与调管范围内电力监控系统的等级保护、风险评估、隐患排查治理工作。

（13）参与本县域电网发展规划、工程设计审查，编制本级电网调控运行专业规划。

（14）受理并批复直调设备新建、扩建和改建的投入运行申请，编制新设备启动调试调度方案并组织实施。

（15）参与签订直调系统并网协议，负责编制、签订相应并网调度协议，并严格执行。

（16）行使本单位及上级调控机构授予的其他职责。

5. 配电网调度主要职责

（1）接受上级调控机构的调度指挥和管理，执行其下达的调度计划。

（2）落实上级调控机构专业管理要求，负责对所辖配电网实施专业管理和技术监督，参与制定有关管理制度和电网运行技术措施。

（3）负责配电网的安全、优质、经济运行，按调度管辖范围指挥电网的运行、操作和故障处置。

（4）负责监控范围内设备集中监视、信息处置和远方操作。

（5）负责组织配电网运行方式的分析、编制和执行。

（6）根据主网设备年度停电计划，制定配电网年度、月度、日前停电计划，受理并批复调管设备的停电、检修申请。

（7）负责监督配电网月、日调度计划的执行，并负责调整、检查、考核。

（8）参与所辖配电网事故调查，组织开展配电网故障分析。

（9）负责所辖配电网继电保护及安全自动装置的规划、运行管理、技术管理与监督。执行上级调控机构审定的继电保护及安全自动装置配置方案和运行管理规定。

（10）参与配电网调度自动化、通信系统的规划、运行管理和技术管理。

（11）受理并批复新建、扩建和改建管辖设备投入运行申请，编制新设备启动调试调度方案，并组织实施。

（12）参与地区配电网规划、系统设计和工程设计的审查，编制配电网调控运行专业规划。

（13）按上级调度机构要求执行紧急负荷控制。

（14）参与签订配电网的并网调度协议，并严格执行。

（15）行使上级调控机构批准（或授予）的其他职责。

6. 调度管理制度

（1）调控机构值班调度员在其值班期间是电网运行、操作和故障处置的指挥人，按照调管范围行使指挥权。值班调度员必须按照规定发布调度指令，并对其发布的调度指令的正确性负责。

（2）下级调控机构的值班调度员、厂站运行值班人员及输变电设备运维人员，受上级调控机构值班调度员的调度指挥，接受上级调控机构值班调度员的调度指令，并对其执行指令的正确性负责。

（3）进行调度业务联系时，必须使用普通话及调度术语，互报单位、姓名。严格执行下令、复诵、录音、记录和汇报制度，受令人在接受调度指令时，应主动复诵调度指令并与发令人核对无误，待下达下令时间后才能执行；指令执行完毕后应立即向发令人汇报执行情况，并以汇报完成时间确认指令已执行完毕。

（4）接受调度指令的值班调度员、厂站运行值班人员及输变电设备运维人员不得无故不执行或延误执行调度指令。如受令人认为所接受的调度指令不正确，应立即向发令人提出意见，如发令人确认继续执行该调度指令，应按调度指令执行。如执行该调度指令确实将危及人员、设备或电网的安全时，受令人可以拒绝执行，同时将拒绝执行的理由及修改建议上报给发令人，并向本单位领导汇报。

（5）未经值班调度员许可，任何单位和个人不得擅自改变其调度管辖设备状态。对危及人身和设备安全的情况按厂站规程处理，但在改变设备状态后应立即向值班调度员汇报。

（6）对于上级调控机构许可设备，下级调控机构在操作前应向上级调控机构申请，得到许可后方可操作，操作后向上级调控机构汇报；当电网发生紧急情况时，允许值班调度员不经许可直接对上级调控机构许可设备进行操作，但必须及时汇报上级调控机构值班调度员。

（7）调控机构管辖的设备，其运行方式变化对有关电网运行影响较大的，在操作前、后或故障后要及时向相关调控机构通报；在电网中出现了威胁电网安全，不采取紧急措施就可能造成严重后果的情况下，上级调控机构值班调度员可直接（或通过下级调控机构的值班调度员）向下级调控机构管辖的调控机构、厂站等运行值班人员下达调度指令，有关调控机构、厂站运行值班人员在执行指令后应迅速汇报设备所辖调控机构的值班调度员。

（8）当电网运行设备发生异常或故障情况时，厂站运行值班人员及输变电设备运维人员应立即向直调该设备的值班调度员汇报情况。

（9）当发生影响电力系统运行的重大事件时，相关调控机构值班调度员应按规定汇报上级调控机构值班调度员。

（10）任何单位和个人不得干预调度系统值班人员下达或者执行调度指令，不得无故不执行或延误执行上级值班调度员的调度指令。调度值班人员有权拒绝各种非法干预。

当发生无故拒绝执行调度指令、破坏调度纪律的行为时，有关调控机构应立即会同相关部门组织调查，依据有关法律、法规和规定处理。

7. 调度术语解释

（1）调度业务联系。

1）调度管辖范围。调控机构行使调度指挥权的发电、输电、变电系统，包括直调范围和许可范围。

2）调度许可。下级调控机构在进行许可设备运行状态变更前征得本级值班调度员许可。

3）调度同意。值班调度员对其下级调控机构值班调度员、厂站运行值班人员及输变电设备运维人员提出的工作申请及要求等予以同意。

4）双重调度。设备由两个调控机构共同调度，两调控机构的值班调度员均有权对该设备行使调度职权。但在改变该设备状态前后，双方值班调度员应互相通知对方。

5）直接调度。值班调度员直接向下级调控机构值班调度员、厂站运行值班人员及输变电设备运维人员发布调度指令的调度方式。

6）间接调度。值班调度员通过下级调控机构值班调度员向其他运行人员传达调度指令的方式。

7）授权调度。根据电网运行需要将调管范围内指定设备授权下级调控机构直调，其调度安全责任主体为被授权调控机构。

8）委托调度。根据电网运行需要，一方委托他方对其管辖的设备行使调度职权的调度方式，期间调度安全责任主体为被委托调控机构。

9）越级调度。紧急情况下值班调度员越级下达调度指令给下级调控机构直调的运行值班单位人员的方式。

10）调度关系转移。经两调控机构协商一致，决定将一方直接调度的某些设备的调度指挥权，暂由另一方代替行使。转移期间，设备由接受调度关系转移的一方调度全权负责，直至转移关系结束。

（2）自动发电控制（AGC）。AGC的三种基本控制模式：按定联络线功率与频率偏差模式控制（TBC）、按定系统频率模式控制（FFC）、按定联络线交换功率模式控制（FTC）。

（3）核相。用仪表或其他手段对两电源或环路相位检测是否相同。

（4）定相。新建、改建的线路、变电站在投运前分相依次送电的同时核对三相标志与运行系统是否一致。

（5）核对相序。用仪表或其他手段，核对两电源的相序是否相同。

（6）相位正确。开关两侧A、B、C三相相位均对应相同。

（7）合环。电气操作中将线路、变压器或开关构成的网络闭合运行的操作。

（8）同期合环。检测同期后合环。

（9）解环。电气操作中将线路、变压器或开关构成的闭合网络断开运行的操作。

（10）并列。使两个单独运行电网并为一个电网运行。

（11）解列。将一个电网分成两个电气相互独立的部分运行。

（12）线路试送电。线路开关跳闸后的首次送电。

（13）带电巡线。对带电或停电未采取安全措施的线路进行巡视。

（14）进相运行。发电机或调相机定子电流相位超前其电压相位运行，发电机吸收系统无功功率。

（15）同步振荡。发电机保持在同步状态下的振荡。

（16）异步振荡。发电机受到较大的扰动，其功角在$0°\sim360°$周期性变化，发电机与电网失去同步运行的状态。

（17）失步。同一系统中运行的两电源间失去同步。

（18）消弧线圈过补偿。全网消弧线圈的整定电流之和大于相应电网对地电容电流之和。

（19）消弧线圈欠补偿。消弧线圈的整定电流之和小于相应电网对地电容电流之和。

（20）谐振补偿。消弧线圈的整定电流之和等于相应电网对地电容电流之和。

（21）并联电抗器欠补偿。并联电抗器总容量小于被补偿线路充电功率。

（22）串联电容器欠补偿。串联电容器总容抗小于被补偿线路的感抗。

1.3 继电保护基础知识

1.3.1 继电保护基础知识

1. 电力系统继电保护概述

电力系统继电保护泛指继电保护技术和由各种继电保护装置组成的继电

保护系统，包括继电保护的原理设计、配置、整定、调试等技术，也包括由获取电量信息的电压互感器、电流互感器二次回路，经过继电保护装置到断路器跳闸绕组的一整套具体设备，如果需要利用通信手段传送信息，还包括通信设备。

电力系统继电保护系统由继电保护装置、合并单元、智能终端、交换机、通道、二次回路等构成，实现继电保护功能的系统。

2. 继电保护动作原理和装置构成

利用电力系统中的设备发生短路或异常情况时的电气量（电流、电压、功率、频率等）以及设备中液体、气体的速度和压力的变化，以反映这些物理量正常运行与故障时的变化为基础构成了继电保护动作的基本原理。根据反映上述各物理量的不同就构成了不同原理的继电保护。

继电保护装置一般都由测量部分（或称定值调整部分）、逻辑部分和执行部分三个基本部分组成，各部分的作用分别如下：

（1）测量部分：反映被保护设备工作状态（正常工作、非正常工作或故障状态）的一个或几个有关物理量，这些被用来进行状态判别的物理量（如通过被保护设备的电气量大小等）称为故障量或启动量。

（2）逻辑部分：根据测量元件输出量的大小、性质、组合方式或出现次序，按规定的逻辑结构进行编排，判断被保护设备的工作状态，决定保护是否应该动作。

（3）执行部分：根据逻辑部分所作出的决定执行保护的任务（发出信号、跳闸或不动作）。

3. 电力系统对继电保护的基本要求

继电保护装置应满足可靠性、选择性、灵敏性和速动性（简称"四性"）的要求。"四性"之间紧密联系，既矛盾又统一。

（1）可靠性。是指保护该动作时应可靠动作，不该动作时应可靠不动作。可靠性是对继电保护装置性能的最根本要求。

（2）选择性。是指首先由故障设备或线路本身的保护切除故障，当故障设备或线路本身的保护或断路器拒动时，才允许由相邻设备保护、线路保护或断路器失灵保护切除故障。

为保证对相邻设备和线路有配合要求的保护和同一保护内有配合要求的两元件（如启动与跳闸元件或闭锁与动作元件）的选择性，其灵敏系数及动作时间在一般情况下应相互配合。

（3）灵敏性。是指在设备或线路的被保护范围内发生金属性短路时，保护装置应具有必要的灵敏系数，各类保护的最小灵敏系数在规程中有具体规定。选择性和灵敏性的要求，通过继电保护的整定实现。

（4）速动性。是指保护装置应尽快地切除短路故障，其目的是提高系统稳定性，减轻故障设备和线路的损坏程度，缩小故障波及范围，提高重合闸和备用电源或备用设备自动投入的效果等。一般从装设速动保护（如高频保护、差动保护）、充分发挥零序接地瞬时保护及相间速断保护的作用、减少继电器固有动作时间和断路器跳闸时间等方面入手来提高速动性。

1.3.2 线路保护

1. 线路纵联保护

线路纵联保护是当线路发生故障时，使两侧断路器同时快速跳闸的一种保护装置，是线路的主保护。它以线路两侧判别量的特定关系作为判据，即两侧均将判别量借助通道传送到对侧，然后两侧分别按照对侧与本侧判别量之间的关系来判别区内故障或区外故障。因此，判别量和通道是纵联保护装置的主要组成部分。目前，我国电网线路纵联保护通道主要通过光纤通信实现。

由于线路纵联保护在电网中可实现全线速动，因此它可保证电力系统并列运行的稳定性和提高输送功率、缩小故障造成的损坏程度、改善后备保护之间的配合性能。

2. 零序保护

在大短路电流接地系统中发生接地故障后，就有零序电流、零序电压和零序功率出现，利用这些电气量构成保护接地短路的继电保护装置统称为零序保护。其主要特点为：

（1）结构与工作原理简单，正确动作率高于其他复杂保护。

（2）整套保护中间环节少，特别是对于近处故障，可以实现快速动作，有利于减少发展性故障。

（3）在电网零序网络基本保持稳定的条件下，保护范围比较稳定。

（4）保护反应于零序电流的绝对值，受故障过渡电阻的影响较小。

（5）保护定值不受负荷电流的影响，也基本不受其他中性点不接地电网短路故障的影响，所以保护延时段灵敏度允许整定较高。

3. 距离保护

距离保护是以距离测量元件为基础构成的保护装置，其动作和选择性取决于本地测量参数（阻抗、电抗、方向）与设定的被保护区段参数的比较结果，而阻抗、电抗又与输电线的长度成正比，故名距离保护。其主要特点如下：

（1）距离保护主要用于输电线的保护，一般是三段或四段式。第一、二段带方向性，作本线段的主保护，其中第一段保护线路的80%～90%，第二段保护余下的10%～20%并作相邻母线的后备保护。第三段带方向或不带方向，有的还设有不带方向的第四段，作本线及相邻线段的后备保护。

（2）整套距离保护包括故障启动、故障距离测量、相应的时间逻辑回路与电压回路断线闭锁，有的还配有振荡闭锁等基本环节以及对整套保护的连续监视等装置。有的接地距离保护还配备单独的选相元件。距离保护闭锁装置分类如下：

1）电压断线闭锁：电压互感器二次回路断线时，由于加到继电器的电压下降，好像短路故障一样，保护可能误动作，所以要加闭锁装置。

2）振荡闭锁：在系统发生故障出现负序分量时将保护开放（0.12～0.15s），允许动作，然后再将保护解除工作，防止系统振荡时保护误动作。

4. 重合闸

重合闸装置是将因故跳开后的断路器按需要自动投入的一种自动装置。

电力系统运行经验表明，架空线路绝大多数的故障都是瞬时性的，永久性故障一般不到10%。因此，在由继电保护动作切除短路故障之后，电弧将自动熄灭，绝大多数情况下短路处的绝缘可以自动恢复。因此，自动将断路器重合，不仅提高了供电的安全性和可靠性，减少了停电损失，而且还提高了电力系统的暂态稳定水平，增大了高压线路的送电容量，也可纠正由于断路器或继电保护装置造成的误跳闸。重合闸装置基本要求如下：

（1）在下列情况下，重合闸不应动作：

1）由值班人员手动跳闸或通过遥控装置跳闸时。

2）手动合闸，由于线路上有故障，而随即被保护跳闸时。

3）收到对侧断路器保护所发出的远跳信号而跳闸时。

（2）除上述情况外，当断路器因继电保护动作或其他原因跳闸后，重合闸均应动作，使断路器重新合上。

（3）重合闸装置的动作次数应符合预先的规定，如一次重合闸就只应实现重合一次，不允许第二次重合。

（4）重合闸在动作以后，一般应能自动复归，准备好下一次故障跳闸的再重合。

（5）应能和继电保护配合实现前加速或后加速故障的切除。

（6）在双侧电源的线路上实现重合闸时，应考虑合闸时两侧电源间的同期问题，即能实现无压检定和同期检定。

（7）当断路器处于不正常状态（如气压或液压过低等）而不允许实现重合闸时，应将重合闸闭锁。

（8）重合闸宜采用控制断路器位置与断路器位置不对应的原则来启动重合闸。

1.3.3 母线保护

1. 母线差动保护

母线差动保护是将母线上所有连接元件的电流互感器按同名相、同极性连接到差动回路，电流互感器的特性与变比均应相同，若变比不能相同时，可采用补偿变流器进行补偿，满足电流之和为零。差动继电器的动作电流按下述条件计算、整定，取其最大值。其主要特点如下：

（1）躲开外部短路时产生的不平衡电流。

（2）躲开母线连接元件中最大负荷支路的最大负荷电流，以防止电流二次回路断线时误动。

2. 母线差动保护中电压闭锁元件的作用

在母线电流差动保护中，为了防止差动继电器误动作或误碰出口中间继电器造成母线保护误动作，故采用电压闭锁元件。

电压闭锁元件利用接在每条母线上的电压互感器二次侧的低电压继电器和零序过电压继电器实现。三只低电压继电器反映各种相间短路故障，零序过电压继电器反映各种接地故障。

3. 母线充电保护的作用

母线差动保护应保证在一组母线或某一段母线合闸充电时，快速而有选择地断开有故障的母线。为了更可靠地切除被充电母线上的故障，在母联断路器或母线分段断路器上设置相电流或零序电流保护，作为母线充电保护。

母线充电保护接线简单，在定值上可保证高的灵敏度。在有条件的地方，该保护可以作为专用母线单独带新建线路充电的临时保护。母线充电保护只在母线充电时投入，当充电良好后，应及时停用。

1.3.4 变压器保护

1. 变压器励磁涌流特点

（1）包含有很大成分的非周期分量，往往使涌流偏于时间轴的一侧。

（2）包含有大量的高次谐波分量，并以二次谐波为主。

（3）励磁涌流波形之间出现间断。

2. 防止励磁涌流对差动保护影响的方法

（1）采用具有速饱和铁芯的差动继电器。

（2）鉴别短路电流和励磁涌流波形的区别，要求间断角为60°～65°。

（3）利用二次谐波制动，制动比为15%～20%。

3. 变压器气体保护的基本工作原理

气体保护又称瓦斯保护，是变压器的主要保护，能有效地反应变压器内部故障。轻瓦斯继电器由开口杯、干簧触点等组成，作用于信号。重瓦斯继电器由挡板、弹簧、干簧触点等组成，作用于跳闸。

正常运行时，气体继电器（瓦斯继电器）充满油，开口杯浸在油内，处于上浮位置，干簧触点断开。当变压器内部故障时，故障点局部发生过热，引起附近的变压器油膨胀，油内溶解的空气被逐出，形成气泡上升，同时油和其他材料在电弧和放电等的作用下电离而产生瓦斯。

当故障轻微时，排出的瓦斯气体缓慢地上升而进入气体继电器，使油面下降，开口杯产生的支点为轴逆时针方向的转动，使干簧触点接通，发出信号。当变压器内部故障严重时，产生强烈的瓦斯气体，使变压器内部压力突增，产生很大的油流向储油柜方向冲击，因油流冲击挡板，挡板克服弹簧的阻力，带动磁铁向干簧触点方向移动，使干簧触点接通，作用于跳闸。

4. 复合电压过电流保护

复合电压过电流保护通常作为变压器的后备保护，它是由一个负序电压继电器和一个接在相间电压上的低电压继电器共同组成的电压复合元件，两个继电器只要有一个动作，同时过电流继电器也动作，整套装置即能启动。

该保护有下列优点：

（1）在后备保护范围内发生不对称短路时，有较高灵敏度。

（2）在变压器后发生不对称短路时，电压启动元件的灵敏度与变压器的接线方式无关。

（3）由于电压启动元件只接在变压器的一侧，故接线比较简单。

5. 变压器零序方向过电流保护

变压器零序方向过电流保护是在大电流接地系统中，防御变压器相邻元件（母线）接地时的零序电流保护，其方向是指向本侧母线。该保护的作用是作为母线接地故障的后备，保护设有两级时限，以较短时限跳闸母线或分段断路器，以较长时限跳开变压器本侧断路器。

1.3.5 其他保护

1. 发电机保护

对于发电机可能发生的故障和不正常工作状态，应根据发电机的容量有选择地装设以下保护。

（1）纵联差动保护：为定子绕组及其引出线的相间短路保护。

（2）横联差动保护：为定子绕组一相匝间短路保护。只有当一相定子绕组有两个及以上并联分支且构成两个或三个中性点引出端时，才装设该种保护。

（3）单相接地保护：为发电机定子绕组的单相接地保护。

（4）励磁回路接地保护：为励磁回路的接地故障保护。

（5）低励磁、失励磁保护：为防止大型发电机低励磁（励磁电流低于静稳极限所对应的励磁电流）或失去励磁（励磁电流为零）后，从系统中吸收大量无功功率而对系统产生不利影响，100MW 及以上容量的发电机都装设低励磁、失励磁保护。

（6）过负荷保护：发电机长时间超过额定负荷运行时作用于信号的保护。中小型发电机只装设定子过负荷保护；大型发电机应分别装设定子过负荷和励磁绕组过负荷保护。

（7）定子绕组过电流保护：当发电机在纵联差动保护范围外发生短路，而短路元件的保护或断路器拒绝动作，这种保护作为外部短路的后备，也兼作纵联差动保护的后备保护。

（8）定子绕组过电压保护：用于防止突然甩去全部负荷后引起定子绕组过电压，水轮发电机和大型汽轮发电机都装设过电压保护，中小型汽轮发电机通常不装设过电压保护。

（9）负序电流保护：电力系统发生不对称短路或者三相负荷不对称（如电气机车、电弧炉等单相负荷的比重太大）时，会使转子端部、护环内表面等电流密度很大的部位过热，造成转子局部灼伤，因此应装设负序电流保护。

（10）失步保护：反映大型发电机与系统振荡过程的保护。

（11）逆功率保护：当汽轮机主汽门误关闭，或机炉保护动作关闭主汽门而发电机出口断路器未跳闸时，从电力系统吸收有功功率而造成汽轮机事故，故大型机组要装设用逆功率继电器构成的逆功率保护，用于保护汽轮机。

2. 断路器失灵保护

当系统发生故障，故障元件的保护动作而其断路器操作失灵拒绝跳闸时，通过故障元件的保护作用于本变电站相邻断路器跳闸，有条件的还可以利用通道使远端有关断路器同时跳闸的接线称为断路器失灵保护。断路器失灵保护是近后备中防止断路器拒动的一项有效措施。

3. 微机保护

微机保护就是将微型计算机应用于继电保护领域，用反映数字量来代替传统的反应模拟量的一种新型继电保护装置，包括微机型线路保护、变压器保护、发电机 - 变压器组保护、母线保护。

微机保护硬件系统通常包含以下四个部分：

（1）数据处理单元。即微机主系统，包括微处理器、只读存储器、随机存取存储器以及定时器等。微处理器执行存放在只读存储器中的程序，对由数据采集系统输入至随机存取存储器中的数据进行分析处理，以完成各种继电保护的功能。

（2）数据采集单元。即模拟量输入系统，包括电压形成、模拟滤波、采样保持、多路转换及模数转换等功能块，完成将模拟输入量准确地转换为所需数字量的功能。

（3）数字量输入/输出接口。即断路器量输入、输出系统，由若干并航接口、光电隔离器及中间继电器等组成，以完成各种保护的出口跳闸、信号报警、外部接点输入及人机对话等功能。

（4）通信接口。包括通信接口电路及接口，以实现多机通信和联网。

微机保护与传统继电保护的区别主要是微机保护不仅有实现继电保护功能的硬件电路，而且还必须具有能够实现保护和管理功能的软件程序；而常规的继电保护则只有硬件电路，其保护功能由不同的硬件组成逻辑回路来实现。

4. 故障录波器

故障录波器能将故障时的录波数据保存，经专用分析软件进行分析，同时可以通过微机故障录波器的通信接口，将记录的故障录波数据远传至调度部门，为调度部门及时分析处理事故提供依据。其主要作用有：

（1）通过对故障录波图的分析，找出事故原因，分析继电保护装置的动作行为，对故障性质及概率进行科学的统计分析，统计分析系统振荡时的有关参数。

（2）为查找故障点提供依据，并通过对已查证落实故障点的录波，可核对系统参数的准确性，改进计算工作或修正系统计算使用参数。

（3）积累运行经验，提高运行水平，为继电保护装置动作统计评价提供依据。对于220kV及以上电压系统，微机故障录波器一般要录取三相电压、零序电压、三相电流、零序电流，高频保护高频信号量，保护动作情况及断路器位置等开关量信号。

1.4 河北南网继电保护整定计算

1.4.1 基本原则

1. 220kV及以上电网继电保护整定计算的基本原则

（1）220kV及以上电压电网的线路继电保护一般都采用近后备原则。当故障元件的一套继电保护装置拒动时，由相互独立的另一套继电保护装置动作切除故障，而当断路器拒绝动作时，启动断路器失灵保护，断开与故障元件相连的所有其他连接电源的断路器。

（2）对瞬时动作的保护或保护的瞬时段，其整定值应保证在被保护元件外部故障时，可靠不动作，单元或线路变压器组（包括一条线路带两台终端变压器）的情况除外。

（3）上、下级继电保护的整定，一般应遵循逐级配合的原则，满足选择性的要求。即在下一级元件故障时，故障元件的继电保护必须在灵敏度和动作时间上均能同时与上一级元件的继电保护取得配合，以保证电网发生故障时有选择性地切除故障。

（4）继电保护整定计算应以正常运行方式为依据。正常运行方式是指常见的运行方式和被保护设备相邻近的一回线或一个元件检修的正常检修运行方式。对特殊运行方式，可以按专用的运行规程或者依据当时实际情况临时处理。

（5）变压器中性点接地运行方式的安排，应尽量保持变电站零序阻抗基本不变。遇到因变压器检修等原因使变电站的零序阻抗有较大变化的特殊运行方式时，根据当时实际情况临时处理。

（6）故障类型的选择以单一设备的常见故障为依据，一般以简单故障进行保护装置的整定计算。

（7）灵敏度按正常运行方式下的不利故障类型进行校验，保护在对侧断路器跳闸前和跳闸后均能满足规定的灵敏度要求。对于纵联保护，在被保护线路末端发生金属性故障时，应有足够的灵敏度。

2. 220kV及以上交流线路保护的配置原则

对于220kV及以上交流线路，应装设两套完整、独立的全线速动主保护。

接地短路后备保护可装设阶段式或反时限零序电流保护，也可采用接地距离保护并辅之以阶段式或反时限零序电流保护。相间短路后备保护可装设阶段式距离保护。

3. 220kV 及以上交流线路后备保护配置原则

（1）线路保护采用近后备方式。

（2）每条线路都应配置能反映线路各种类型故障的后备保护。当双重化的每套主保护都有完善的后备保护时，可不再另设后备保护。若其中一套主保护无后备，则应再设一套完整的独立的后备保护。

（3）对相间短路，后备保护宜采用阶段式距离保护。

（4）对接地短路，应装设接地距离保护并辅以阶段式或反时限零序电流保护；对中长线路，若零序电流保护能满足要求时，也可只装设阶段式零序电流保护。接地后备保护应保证在接地电阻不大于300Ω时，能可靠、有选择性地切除故障。

（5）正常运行方式下，保护安装处短路，电流速断保护的灵敏系数在1.2以上时，还可装设电流速断保护作为辅助保护。

4. 母线保护配置原则

（1）对发电厂和变电站的35～110kV 电压母线，在下列情况下应装设专用的母线保护：

1）110kV 双母线。

2）110kV 单母线，重要发电厂或110kV以上重要变电站的35～66kV母线，需要快速切除母线上的故障时。

3）35～66kV 电网中，主要变电站的35～66kV双母线或分段单母线需要快速而有选择地切除一段或一组母线上的故障，以保证系统安全稳定运行和可靠供电时。

4）当母线发生故障时，主要厂（站）母线上的残余电压低于额定电压的50%～60%时，为了保证厂用电及其他重要用户的供电质量，应装设专用母线保护。

（2）对电网运行稳定有影响的母线，应装设专用母线保护。

（3）对220～500kV 母线，应装设能快速有选择地切除故障的母线保护。一般对220kV母线，采用固定连接或元件可根据运行母线进行切换的双母线差动保护装置；对一个半断路器接线的500kV母线，每组母线应装设两套母线保护。

（4）对于发电厂和主要变电站的3～10kV分段母线及并列运行的双母线，一般可由发电机和变压器的后备保护实现对母线的保护，但在下列情况时，应装设专用的母线保护：

1）需快速而有选择地切除一段或一组母线上的故障，以保证发电厂及电力网安全运行和重要负荷的可靠供电时。

2）当线路断路器不允许切除线路电抗器前的短路时。

5. 变压器保护配置原则

为了防止变压器在发生各种类型故障和不正常运行时造成不应有的损失，保证电力系统安全连续运行，变压器一般应配置以下继电保护装置：

（1）反映变压器油箱内部各种短路故障和油面降低的气体保护。

（2）反映变压器绕组和引出线多相短路、大电流接地系统侧绕组和引出线的单相接地短路及绕组匝间短路的（纵联）差动保护或电流速断保护。

（3）反映变压器外部相间短路并作为气体保护和差动保护后备的过电流保护（复合电压启动的过电流保护或负序过电流保护）。

（4）反映大电流接地系统中变压器外部接地短路的零序电流保护。

（5）反映变压器对称过负荷的过负荷保护。

（6）反映变压器过励磁的过励磁保护。

6. 断路器失灵保护配置原则

（1）对带有母联断路器和分段断路器的母线，要求断路器失灵保护应首先动作于断开母联断路器或分段断路器，然后动作于断开与拒动断路器连接在同一母线上的所有电源支路的断路器，同时还应考虑运行方式来选定跳闸方式。

（2）断路器失灵保护由故障元件的继电保护启动，手动跳开断路器时不可启动失灵保护。

（3）在启动失灵保护的回路中，除故障元件保护的触点外还应包括断路器失灵判别元件的触点，利用失灵分相判别元件来检测断路器失灵故障的存在。

（4）为从时间上判别断路器失灵故障的存在，失灵保护的动作时间应大于故障元件断路器跳闸时间和继电保护返回时间之和。

（5）为防止失灵保护误动作，失灵保护回路中任一对触点闭合时，应使失灵保护不被误启动或引起误跳闸。

（6）断路器失灵保护应有负序、零序和低电压闭锁元件。对于变压器、发电机变压器组采用分相操作的断路器，允许只考虑单相拒动，应用零序电流代替相电流判别元件和电压闭锁元件。

（7）当变压器发生故障或不采用母线重合闸时，失灵保护动作后应闭锁各连接元件的重合闸回路，以防止对故障元件进行重合。

（8）当以旁路断路器代替某一连接元件的断路器时，失灵保护的启动回路可作相应的切换。

（9）当某一连接元件退出运行时，其启动失灵保护的回路应同时退出工作，以防止试验时引起失灵保护误动作。

（10）失灵保护动作应有专用信号表示。

1.4.2 整定计算

1. 线路保护

（1）相间距离保护。

1）只考虑躲过电网异步振荡，220kV系统振荡周期按不大于1.5s考虑。

2）220kV线路的距离后备保护考虑与线路对侧变压器差动保护的配合，不伸出被配主变压器另一侧母线。

3）因不同型号保护的动作特性不一致，定值配合时主要考虑不同装置间电抗数值的配合。

4）发电机-变压器-线路组的线路系统侧相间距离Ⅰ段按全线有1.5倍以上灵敏度整定。

5）220kV环网线路相间距离Ⅲ段时间固定取2.5s，各线路相间距离Ⅲ段之间无配合关系。

6）220kV环网线路采用感受阻抗法计算相间距离保护各段定值。

（2）接地距离保护。

1）220kV线路的距离后备保护考虑与线路对侧变压器差动保护的配合，不伸出被配主变压器另一侧母线。

2）因不同型号保护的动作特性不一致，定值配合时主要考虑不同装置间电抗数值的配合。

3）发电机-变压器-线路组的线路系统侧接地距离Ⅰ段按全线有1.5倍以上灵敏度整定。

4）220kV环网线路接地距离Ⅲ段时间固定取2.5s，各线路接地距离Ⅲ段之间无配合关系。

5）220kV环网线路采用感受阻抗法计算接地距离保护各段定值，并以接地距离保护作为电网接地故障的主要后备保护，灵敏段延时较短。

（3）零序电流保护。

1）河北南网220kV及以上系统环网线路中，一般不投入零序Ⅰ、Ⅱ段保护（对四段式配置保护），仅在部分发电机-变压器-线路组的线路系统侧投入。且发电机-变压器-线路组的线路系统侧零序Ⅰ段按全线有1.5倍以上灵敏度整定。

2）灵敏度的校验以单相金属性接地故障为主，尽量兼顾两相接地故障。

3）220kV环网线路零序电流保护的灵敏段延时固定为2.4s。

2. 重合闸

（1）220kV非辐射运行线路采用单重方式，延时段保护动作一般不起动重合闸；重合闸时间按与全线速动保护配合整定。

（2）220kV线路电缆所占比例超过30%或线路中存在电缆接头时，线路两侧重合闸不投。

（3）为防止直流分量过大引起断路器无法跳闸，对于两侧故障电流比较大的220kV线路采用顺序重合闸。电厂出线，电网侧先合、电厂侧后合；环网线路，弱电侧先合、强电侧后合。

（4）220kV辐射线（含因运行方式变化而出现的临时辐射线）：若末端配置保护且能选相跳闸，则两端均采用单重方式；若末端未配置保护或不能选相跳闸，则首端采用三重方式。

（5）3/2断路器接线方式，重合闸采用"顺序重合"方式。先重合母线断路器，后重合中间断路器；"顺序重合"的时间间隔为0.3s。辐射线采用三重方式时，其线路保护三跳，母线断路器投三重，中间断路器投单重；母线断路器停运时，中间断路器改投三重。

3. 母线保护

双母线的母线差动保护灵敏度的校验，一般按最小电源支路单带母线发生故障的方式计算最小短路电流。差动门槛定值不能可靠躲过出线负荷电流时，优先保证灵敏度。

4. 变压器保护

220kV变压器保护中压侧零序电流保护跳三侧时间最长不超过5.5s。

5. 失灵保护

（1）220kV双母接线的失灵保护采用微机型母线保护中的失灵功能，且母联（分段）外部充电保护和过电流保护均启动母联（分段）失灵保护。

（2）双母线接线方式，一般失灵保护动作0.3s跳失灵断路器所在母线的所有断路器。

（3）3/2接线方式为0.3s跳失灵断路器所连接的其他断路器。

（4）新投220kV及以上电压等级的主变压器、联络变压器、启动备用变压器的电气量保护动作后，均应起动220kV和500kV侧断路器的失灵保护，并解除失灵保护的电压闭锁元件。

6. 非全相保护

（1）新建、扩建、改建项目中，断路器本体具备非全相保护功能时，使用断路器本体的三相不一致保护。

（2）发电机-变压器-线路组或发电机-变压器组进串接线方式，使用开关机构中的非全相保护，解除断路器的非全相状态；同时使用发电机-变压器组保护中带电气量的非全相保护启动失灵。

（3）允许重合的220kV断路器，非全相保护动作时间取1.8s；不允许重合的取0.5s。省调调度的不允许重合的500kV断路器，非全相保护动作时间取0.5s。

7. 母联（分段）充电保护和过电流保护

（1）使用独立的充电保护装置，不使用微机型母线保护中的充电保护功能。

（2）充电保护仅在空载充电母线（不含旁路母线）时临时投入，正常运行时退出。整定原则为母线最小故障方式下有灵敏度，动作时间0s（不能整定为0s的装置，整定为装置最小值）。

（3）用过电流保护（或延时段充电保护）充负荷变压器的定值一般由地调负责整定计算，要求保护对负荷变压器低压引线故障至少有1.5倍灵敏度，动作延时不大于0.2s。

8. 线路TV断线过电流保护

（1）当线路配置有纵联差动保护或线路配置的双重化保护TV二次回路完全独立时，不使用TV断线过电流保护。

（2）如果使用TV断线过电流保护，其动作时间按0.3s整定，动作值一般按躲过线路热稳电流整定，并尽量保证线路末端故障有灵敏度。

9. 其他

（1）在满足选择性的条件下，尽量缩短动作时间。后备保护配合的时间级差一般取0.3s。

（2）定值单中由"现场确定"的项目应根据现场运行规定、关联专业要求、厂家整定要求等进行整定，其整定结果应保证保护装置动作行为正确、通信状态良好。

1.5 安全自动装置运行管理

1.5.1 安全自动装置基础知识

1. 电力系统安全自动装置简述

电力系统安全自动装置是指用于防止电力系统稳定破坏、防止电力系统事故扩大、防止电网崩溃及大面积停电以及恢复电力系统正常运行的各种自动装置的总称。如稳控装置、失步解列装置、低频减负荷装置、低压减负荷装置、过频切机装置、备用电源自动投入装置、水电厂低频自启动装置等。

河北南网目前运行的安全自动装置主要分为三类：一是防止电厂送出线路过载配置的安全自动装置；二是防止新能源送出断面越限配置的安全自动装置；三是提高重要输电断面输电能力配置的安全稳定控制系统。

2. 主要安全自动装置种类和作用

（1）低频、低压解列装置。地区功率不平衡且缺额较大或大电源切除后发供点功率严重不平衡时，应考虑在适当地点安装低频、低压解列装置，以保证该地区与系统解列后，不因频率或电压崩溃造成全停事故，同时也能保证重要用户供电。

（2）振荡（失步）解列装置。经过稳定计算，在可能失去稳定的联络线上安装振荡解列装置，一旦稳定破坏，该装置自动跳开联络线，将失去稳定的系统与主系统解列，以平息振荡。

（3）切负荷装置。为了解决与系统联系薄弱地区的正常受电问题，在主要变电站安装切负荷装置，当受电地区与主系统失去联系时，该装置动作切除部分负荷，以保证区域发供电的平衡，也可以保证当一回联络线掉闸时，其他联络线不过负荷。

（4）自动低频、低压减负荷装置。自动低频、低压减负荷装置是电力系统重要的安全自动装置之一，它在电力系统发生事故出现功率缺额使电网频率、电压急剧下降时，自动切除部分负荷，防止系统频率、电压崩溃，使系统恢复正常，保证电网的安全稳定运行和对重要用户的连续供电。

（5）切机装置。切机装置的作用是保证故障载流元件不严重过负荷。使解列后的电厂或小地区频率不会过高，功率基本平衡，防止锅炉灭火扩大事故，同时可以提高系统稳定极限。

3. 低频、低压解列装置装设地点

（1）系统间联络线。

（2）地区系统中从主系统受电的终端变电站母线联络开关。

（3）地区电厂的高压侧母线联络开关。

（4）划作系统事故紧急启动电源专带厂用电的发电机组母线联络开关。

4. 系统解列时解列点选择遵循的原则

当电力系统发生稳定破坏，如系统振荡时，能有计划地将系统迅速而合理地解列为功率尽可能平衡而各自保持同步运行的两个或几个部分，称为系统解列，可防止系统长时间不能拉入同步或造成系统瓦解扩大事故。选择解列点时，应尽可能保持解列后各部分系统的功率平衡，以防止频率、电压急剧变化；适当考虑操作方便，易于恢复，有较好的远动通信条件。

5. 集中切负荷和分散切负荷的作用

集中切负荷是指系统中各个变电站的切负荷均是来自某一个中心站的安全稳定控制装置的指令。集中切负荷的测量判断装置与切负荷执行端通常不在同一变电站，必须靠通道来传递指令。集中切负荷方式判断是否切负荷比较准确，切负荷速度快，对维持系统暂态稳定效果好，但由于要采用众多通道降低了切负荷的可靠性。

分散切负荷是指各个变电站的切负荷靠各站当地的装置测量判断，因此无须通道。但各个站要准确判断系统故障是否应当切负荷比较困难。

6. 自动低频减负荷装置的整定原则

（1）自动低频减负荷装置动作，应确保全网及解列后的局部网频率恢复到规定范围内。

（2）在各种运行方式下自动低频减负荷装置动作，不应导致系统其他设备过载和联络线超过稳定极限。

（3）自动低频减负荷装置动作，应使系统功率缺额造成的频率下降不造成大机组低频保护动作。

（4）自动低频减负荷顺序应保证次要负荷先切除，较重要的用户后切除。

（5）自动低频减负荷装置所切除的负荷不应被重合闸或备用电源自动投入装置再次投入，并应与其他安全自动装置合理配合使用。

（6）全网自动低频减负荷装置整定的切除负荷数量应按年预测最大平均负荷计算，并对可能发生的电源事故进行校对。

7. 备用电源自动投入装置

备用电源自动投入装置（BSAW）就是对具备双电源或多电源供电的变电站或设备，因电网开环或其他需要而正常只有一回电源供电（也称为工作电源）时，当供电电源因故失去后，能迅速自动投入其他供电电源的装置。其基本要求如下：

（1）失去供电电源后，备用电源自动投入装置只允许备用电源断路器动作一次。

（2）工作电源断路器未断开前或备用电源无电压时，备用电源断路器不应投入，因此备用电源自动投入装置的时间元件整定时间应大于工作电源的保护动作时间。

（3）应有电压互感器二次侧熔断器熔丝熔断或回路断线的闭锁装置，当电压回路异常失电压时，备用电源自动投入装置不应误动作。

（4）备用电源应有电压正常的监视回路，工作电源应有电压消失的判别回路。

（5）装设备用电源自动投入装置的近区发生故障，母线电压可能降低到工作电源的低电压继电器启动值，为保证故障先由保护切除，在备用电源自动投入装置回路中必须加装时间元件，整定时限应大于能使低电压继电器启动的相应出线或元件保护的最大动作时限。

（6）当变电站母线发生故障时，备用电源自动投入装置不应动作。

1.5.2　安全自动装置的建设管理

（1）调控机构负责确定直调范围内安全自动装置配置方案、技术要求和运行规定。设备运维单位负责提供装置整定、控制策略制定所需的技术资料，并落实调控机构下发的定值、运行规定等。

（2）调控机构组织或参加直调范围新建、改建、扩建发电、输电、变电设备以及系统规划的安全自动装置的审查工作（含接入系统、可行性研究、初步设计、安全自动装置配置原则等）。

（3）安全自动装置应与电厂及电网输变电工程同步投产。

（4）装置投运前，运行维护单位应制定相应的现场运行规程，报调控机构备案，并向所属调控机构提出投运申请，经批准后方可投入运行。

1.5.3　安全自动装置的运行管理

（1）安全自动装置的投停、定值更改、控制策略调整等须经相应调控机构同意并履行相关手续。如安全自动装置的投运方式仅由所在厂、站运行方式决定时，可按现场规程规定自行操作。

（2）运行中的安全自动装置动作时，值班监控员、厂站运行值班人员或输变电设备运维人员应立即向相应调控机构值班调度员汇报并做好记录，查明动作原因后及时汇报。

（3）确定安全自动装置所切除的负荷时，应考虑与重合闸、备用电源自动投入装置等装置的配合关系。

（4）安全自动装置出现异常时，值班监控员、厂站运行值班人员或输变电设备运维人员应汇报相应调控机构值班调度员，并尽快处理。

（5）安全自动装置动作切除负荷后，均应得到相应调控机构值班调度员同意后方可送出；低频减负荷装置动作，所切负荷应得到省调值班调度员同意后方可送出。

1.5.4　安全自动装置的设备管理

（1）进入电网运行的安全自动装置应通过国家或行业的设备质量检测中心的检测。

（2）安全自动装置的状态信息、告警信息、动作信息等数据应满足上送至调控机构的要求。

（3）安全自动装置的动作分析和运行评价按照分级管理的原则，依据 DL/T 623《电力系统继电保护及安全自动装置运行评价规程》开展。

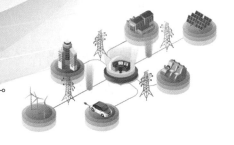

2 电网检修工作票管理

2.1 电网检修工作票管理规定

2.1.1 检修工作票管理要求

1. 检修工作票的重要性

电力系统设备繁多，设备停电将改变电网结构，降低电网安全裕度。检修工作票是保证电网设备检修工作安全、有序进行所必需的、有效的组织措施，检修工作票的规范与标准化是各项检修工作安全、高效开展的前提，对电力系统的安全运行至关重要。

2. 检修工作票的管理要求

（1）设备检修应由设备运维单位按规定格式向相应调控机构提交检修申请票，省调调度管辖和许可范围内的设备检修申请由各地调、超高压公司调度部门、电厂值班人员、信通公司通信管理部门向省调提交。

（2）线路检修申请由所属供电公司、超高压公司调度部门向省调提交；各供电公司所属省调许可设备的检修申请由所辖调度部门向省调提交，电厂及用户属省调管辖和许可设备的检修申请由电厂、用户向省调提交；影响到省调管辖继电保护装置、安全自动装置的通信工作由信通公司通信管理部门向省调提交。

（3）输变电设备临时检修应至少提前48h向省调申请。设备故障抢修或缺陷停运处理，征得省调值班调度员同意后可先行开工，并尽快提交检修申请。

（4）在国调、分中心、省调调度管辖的输变电设备上带电作业或在带电线路防护区内的作业应提前向省调提出申请，如为每天工作应在检修工作票申请工作时间中标注"每天工作"。

（5）检修申请票的开工、竣工手续，均由设备运维单位所属调控机构值班调度员、输变电设备运维人员、厂站运行值班人员向相应调控机构值班调度员办理。

（6）设备临时停电，运维单位需提供书面情况说明，分别报相应调控机构和运维管理部门，并附送本单位领导意见。

（7）设备恢复送电时，如需进行试验（冲击、核相、保护相量检查、带负荷试验等），应将试验方案与检修申请票一并报相应调控机构。

（8）输变电设备带电作业，按直调范围经相应调控机构值班调度员同意后进行；需停用重合闸的，应向相应调控机构提交检修申请票。涉及国调及分中心调管范围的输变电设备带电作业，应按规定向省调提交检修申请票。

（9）带电作业应在良好的天气下进行，如遇雷雨、大风、雪、雾或者不符合带电作业要求时应立即停止作业。

（10）设备检修时间的计算：机炉是从系统解列或停止备用开始；电气设备是从值班调度员下达第一项停电调度操作指令开始，到设备重新正式投入运行或根据调控机构要求转入备用为止。

（11）禁止在未经申请、批准及下达开工令的已停电设备上工作。禁止约时检修或停送电。已批准检修的设备在预定开始时间未能停下来，原则上应将原检修时间缩短，而投入运行的时间不变。

（12）在设备检修期间，因系统特殊需要，值班调度员有权终止检修或缩短检修工期，尽快使设备投入运行。

2.1.2 检修工作票工作管理

1. 检修工作票办理流程

（1）正常票。正常票的申请，主要经过现场提交工作票、调度流转审批、工作票开竣工三大环节。正常票的申请流程如图2-1所示。

1）现场提交工作票。一般由现场运行值长负责启动流程，经本单位审核无误后发送至省调流转审批。

2）调度流转审批。检修工作票上报至省调后，经过各专业批复相关意见，最后由中心领导审批通过后，进行检修计划发布。

3）工作票开竣工。检修计划发布后，相关单位需进行检修计划签收；确认具备工作条件后，向省调申请工作票开工；工作结束后向省调办理竣工手续，进行竣工复核，工作票归档。

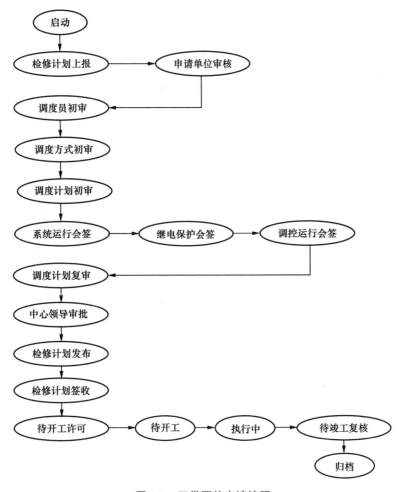

图 2-1　正常票的申请流程

（2）先开工票。现场遇有紧急缺陷需紧急处理时，走先开工票申请流程。与正常票的区别：先开工票经过现场提交工作票环节提交至省调后，经调度员初审完毕后，直接进入待开工许可环节，现场先行与省调办理工作开工手续，之后再进行调度流转审批。先开工票的申请流程如图 2-2 所示。

（3）延期票。现场发现进行中的工作无法按既定计划完成时，履行延期票申请流程，开工后，工期未过半之前可申请延期。此时工作票已在执行中状态，省调调度员受理延期申请后，直接进入调度流转审批环节。延期票的申请流程如图 2-3 所示。

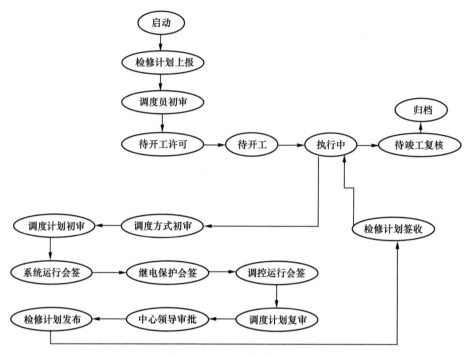

图 2-2 先开工票的申请流程

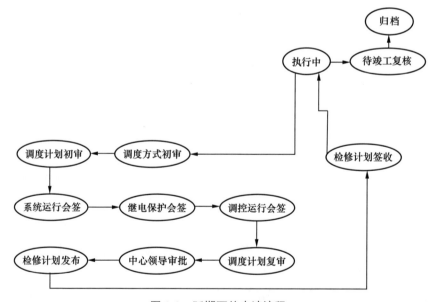

图 2-3 延期票的申请流程

2. 检修工作票申请管理

（1）设备主管单位应根据周检修计划安排，提前2个工作日于12:00前向省调提出申请；涉及国调、分中心调管设备的检修工作应提前5个工作日于12:00前向省调提出申请（注：国家法定节假日、周六、周日不在工作日之内。例如本周六、日及下周一的涉及省调设备的检修工作应于本周四向省调提出申请，下周二的检修工作应于本周五向省调提出申请）。工作申请票的内容应包括工作时间、工作地点、停电范围以及对电网的要求等。

（2）母线侧刀闸工作需停运母线，应向省调提出申请，工作内容体现在相应母线检修工作票中。

（3）检修工作票申请的内容应包括申请工作时间、工作内容、工作要求（停电范围和对电网的要求）等。工作内容与工作要求要相对应，应如实反映现场工作实际内容，严禁出现要求和内容不相符等情况，如扩大或缩小停电范围、擅自增加或减少工作内容等。

（4）工作要求应使用调度规范用语。由各地调提交的所辖变电站的检修申请，工作要求栏中应使用三重名称，即"变电站+设备名称+设备编号"；其他检修申请使用双重名称，即"设备名称+设备编号"。设备状态应要求明确（如检修、冷备用、热备用、退备用等），禁用"停电"等不明确描述。

（5）检修工作票的申请单位为向省调提出申请的单位（包括各地调、省检修公司、省信通公司、省调直调发电企业、各新能源集控中心等），施工受令单位指执行省调检修工作票开工、竣工时的联系单位。

（6）输变电设备的停电操作开始时间以检修工作票的批复起始时间为准，停电操作时间包含在批复工期内。

（7）设备检修工作中因安全距离不够需相邻间隔设备配合停运（转检修或转冷备用），应提交配合停运设备的申请，并在该检修工作票工作内容中注明"配合××设备检修安全距离不够"。

（8）同一张检修工作票一般情况不得出现两个及以上设备的工作要求；220kV同杆并架线路或因检修需要同时停电的两条线路，原则上应提交两张检修工作票。

（9）220kV变电站全站停电检修，220kV双母线检修工作可提交一张检修工作票，220kV母线差动保护工作应另行提交工作票。

（10）主变压器、线路的检修工作，无论其间隔内的开关有无检修工作，在"工作要求"一栏中均需注明相应开关的状态。

（11）设备因缺陷无法保持正常运行方式，且短期内无法安排检修处理的，设备主管单位应向省调提交设备缺陷票备案。

（12）当涉及线路切改、杆塔改造等检修工作时，检修工作票工作内容中应明确送电时是否需测参数、核相或直接送电等要求。

（13）提交检修工作票时应标注是否涉及通信专业。涉及线路主保护通道路由临时变更的通信工作，检修工作票内容中应明确是否有两套线路保护变为同路由的情况，以及同路由的线路名称。

（14）涉及继电保护、安全自动装置正式路由变更的通信工作，检修工作票工作要求中应明确"正式路由变更"。

（15）涉及线路保护通道中断的通信工作，检修工作票工作要求中应明确需退出的继电保护型号。

3. 检修工作票发布与签收

（1）检修工作票一般于前一工作日16:00前由省调进行发布，系统异常时可通过调度电话发布。

（2）各单位运行值班员应于每个工作日18:00前自行登录系统签收相关工作票。

（3）签收工作票时，应详细查看工作票批准的停电范围、工作内容、工作时间、省调批答内容及电网安全措施等。

（4）各单位运行值班员签收工作票后，应做好记录，并负责及时通知本单位相关部门。

（5）各单位运行值班员签收后，即视为已了解工作票的所有内容。如有疑义，应及时与省调值班调度员联系。

4. 检修工作票执行

（1）检修工作开工前，各单位应根据检修工作票批答内容、相关电网安全措施及有关工作要求完成以下准备工作，坚决防止因措施不落实、人员不到位等造成检修工作延误开工：

1）落实相关安全措施。

2）继电保护及安全自动装置变更。

3）电网安全分析及事故预想。

4）根据省调调度操作预令准备现场操作票。

5）核实现场天气及人员是否具备操作条件。

（2）检修工作涉及的相关单位的运行值班员在各项操作准备工作完毕后，在工作票批准开始时间前向值班调度员汇报："××单位××设备停电检修工作，各项措施落实完毕，相关人员已全部就位，具备停电操作条件"。

（3）值班调度员应严格执行检修工作票的开工许可，在开工前应全面核实停电范围与工作要求相符，设备状态与现场实际状态一致，安全措施、事故预案均已制定并落实，现场天气满足操作及施工要求等，并经当值值长确认签字后，方可进行倒闸操作或下达开工令。安全措施未制定、未落实不得开工。

（4）值班调度员应严格执行检修工作票的竣工复核，即检修工作票竣工后，值班调度员要对该项工作再次进行竣工复核，向工作单位确认设备状态、地线位置及数目、工作人员已全部撤离现场等。在相关工作票已全部竣工，或同一厂站内其他间隔继续进行的检修工作对送电设备无影响，设备具备恢复送电条件后，经当值调度值长复核并同意，方可下令进行送电操作。

（5）设备送电后，值班调度员应及时通知相关单位恢复相关安全措施。

（6）省调调度管辖的发电、变电设备的开工、竣工手续由工作现场运行值班人员（到站的操作人员视为该站现场运行值班人员）向省调办理，省调调度管辖的输电线路和许可的输变电设备，由各地调、超调调度员向省调办理。

（7）各单位应严格按省调批准的检修工作票票面内容履行开工、竣工手续。涉及无人值班变电站需人员到站操作的，应严格履行预报竣工的相关规定。

（8）设备检修工作开工后，若临时增加或变更工作内容且不改变停电范围和设备状态的，应由开工单位向相应调度机构提出申请，经当值值班调度员同意后方可进行，双方应做好相关记录。严禁未经当值调度员批准自行增加或变更工作内容。

（9）设备检修工作中若发现重大缺陷，应向省调补提缺陷处理的新票。

5. 检修工作票延期

（1）设备检修在批准工期内不能竣工的，可提出工作延期申请。延期申请须在工期未过半前，通过调度电话向省调值班调度员提出。延期申请只允许办理一次。

（2）延期票批准后，现场应核对以下事项：

1）批准时间与申请时间是否一致。

2）工作内容是否都安排。

3）同一组票是否都批准。

4）需落实哪些措施。

5）延期未受理的原因。

6. 检修工作票的撤销与顺延

（1）对于未开工的工作需要撤销的，申请单位应向相关调度机构办理撤票手续，并说明原因，值班调度员受理后，通知检修计划专责。撤票后如再开展工作需另提申请。

（2）因天气等原因导致已批复的检修工作在当日无法进行，现场值班员可向省调值班调度员提顺延申请，顺延申请答复以省调值班调度员电话通知为准。

2.2 典型电网检修工作票

检修工作票的关键信息为工作要求与工作内容，其他的重要信息还包括设备分类、工作时间、是否为每天工作、是否涉及用户、是否为紧急票、是否涉及通信、设备调管范围、申请单位、申请人、施工受令单位、工作地点等内容。工作要求与内容的对应关系格外重要，下面以河北省调的常见检修工作票为例说明检修工作票的工作内容与工作要求的关系。

2.2.1 设备分类

检修工作票可以根据设备的不同分为不同的类型，下面分别对其进行介绍。

1. 机炉

归为机炉类的检修工作票包括：①机炉计修、临修、备用、退备用、停运消缺等；②机炉试验；③机组受阻；④机组带工业抽汽、供热出力要求；⑤机组首次并网；⑥机组168h试运行。

2. 线路

归为线路类的检修工作票包括：

（1）厂站内工作，开关及线路需转检修。

（2）厂站内工作，开关的线路需转检修，开关转冷备用。

（3）线路投运：线路投运，两侧站内开关及线路一、二次设备投运。

3. 主变压器

归为主变压器类的检修工作票包括：

（1）主变压器工作（或配合其他设备工作），主变压器需转检修/冷备用。

（2）主变压器工作（或配合其他设备工作），主变压器及三侧开关（某侧开关）需转检修/冷备用。

（3）主变压器及相关一、二次设备投运。

4. 母线

归为母线类的检修工作票包括：

（1）母线工作（或配合其他设备工作），母线需转检修/冷备用。

（2）母线、母联开关工作（或配合其他设备工作），母线及母联开关需转检修/冷备用。

（3）母线及其TV工作（或配合其他设备工作），母线及其TV需转检修。

（4）母线及其TV、母联开关工作（或配合其他设备工作），母线及其TV、母联开关需转检修。

（5）3/2开关接线，母线、母线上所联开关工作（或配合其他设备工作），母线及母线上所联开关需转检修/冷备用。

（6）地调借母线进行新设备投运或转代等工作，电厂借母线进行机组试验等工作。

（7）母线及相关一、二次设备投运。

5. 开关

归为开关类的检修工作票包括：

（1）线路开关工作、配合其他设备工作、线路保护工作或综合自动化保护系统改造、断路器保护消缺等，仅开关需转检修或冷备用，对线路状态无要求。

（2）线路开关工作，用旁路开关转代线路开关，线路无须停电。

（3）主变压器某侧开关工作（或配合其他设备工作），仅主变压器某侧开关需转检修/冷备用/热备用。

（4）母联开关、分段开关工作（或配合其他设备工作），仅母联开关、分段开关需转检修/冷备用/热备用。

（5）旁路开关相关工作，仅旁路开关需转检修/退备用。

（6）仅开关进行投运。

需要注意的是，"开关及线路转检修""开关的线路转检修"分类应为线路，"开关转检修"分类应为开关；"站内开关及线路一、二次设备投运"分类应为线路。

6. 保护装置

（1）归为保护装置类的检修工作票包括：

1）保护改定值、保护更换、保护消缺、软件升级、跳闸回路接入等工作，仅保护退出跳闸，主设备无须停电。如母线保护、线路保护、主变压器差动保护退出跳闸等。

2）故障录波器相关工作，故录需停运。

3）厂站内线路开关间隔带电水冲洗、设备消缺等，线路两侧需退重合闸，线路无须停电。

4）仅保护投运。

5）主变压器其他保护（重瓦斯、非电量）相关工作，保护需退出或改投信号。

（2）此类检修工作票工作时需要注意以下问题：

1）线路保护相关工作，线路开关需停电（转冷备用或检修），刀闸线路侧无须挂地线的工作，分类应为开关。故障录波器工作，要求故障录波器停运，分类应为保护装置。

2）工作要求线路两侧退重合闸、线路无须停电，分为两种情况：①检修公司、地调线路上带电作业，要求线路退重合闸，分类应为线路；②厂站内线路开关间隔带电水冲洗、设备消缺等工作，要求线路退重合闸，分类应为保护装置。

7．自动装置

归为自动装置类的检修工作票包括：

（1）省调调度管辖的安全自动装置相关工作，安全自动装置停运或退备用。

（2）电厂相关工作，仅要求机组AGC、AVC退出运行。

8．其他

归为其他类的检修工作票包括：

（1）电容器、电抗器相关工作、相关一、二次设备投运。

（2）母线TV相关工作，仅母线的TV需转检修。

（3）设备缺陷等：旁路开关无法转代、因刀闸缺陷某间隔无法上某条母线运行。

（4）电网方式调整，如因度夏需要部分厂站母线方式倒换等。

2.2.2 主变压器及开关

（1）主变压器各侧开关或某侧开关有检修工作，若和主变压器同时检修或需主变压器配合停运，应和主变压器一起提交检修申请，并在工作要求中分别注明各个开关转何种状态。主变压器典型检修工作票示例一见表2-1。

表 2-1　　　　　　　　　　主变压器典型检修工作票示例一

工作要求	××站#3主变转检修；#3主变的213开关转检修；#3主变的113开关转检修；#3主变的513开关转检修
工作内容	#3主变及中性点回路检修试验，213开关、213TA、213-4刀闸、113开关、113TA、113-4刀闸、513开关、513TA、513-4刀闸检修预试

（2）220、500kV变电站主变压器检修，若主变压器各侧开关或某侧开关无检修工作，在工作要求中也需体现开关的状态，如"××开关转冷备用"。1000kV变电站主变压器的工作，按分中心要求提交工作票。主变压器典型检修工作票示例二见表2-2。

表 2-2　　　　　　　　　　主变压器典型检修工作票示例二

工作要求	××站#2主变转检修；#2主变的212开关转冷备用；#2主变的112开关转冷备用；#2主变的312开关转检修
工作内容	#2主变及中性点回路检查维护，#2主变的气体继电器更换，#2主变的35kV穿墙套管更换

（3）主变压器开关有检修工作或需配合停电，主变压器及其他开关保持运行状态的，检修申请票中的"工作要求"可只填写单一开关。主变压器典型检修工作票示例三见表2-3。

表 2-3　　　　　　　　　　主变压器典型检修工作票示例三

工作要求	××站#2主变的5012开关转检修
工作内容	5012开关防拒动传动、检查、试验（试验时，5012-17、5012-27接地开关需短时拉开）

（4）主变压器开关的母线侧刀闸工作，工作内容体现在母线检修申请中，若开关无其他工作，也应单独提交工作票，工作内容注明"配合母线刀闸检修"。主变压器典型检修工作票示例四见表2-4。

表 2-4　　　　　　　　　　主变压器典型检修工作票示例四

工作要求	××站220kV #1母线转检修；母联201开关转检修；220kV #1母线的TV转检修
工作内容	#2主变的212-1刀闸更换；201开关大修
工作要求	××站#2主变转检修；#2主变的212开关转检修；#2主变的112开关转检修；#2主变的312开关转检修
工作内容	#2主变的212-4刀闸更换，配合212-1刀闸更换；#2主变及212、112、312开关检修预试

2.2.3　线路及开关

（1）站内工作仅开关需转检修，工作要求中只体现开关转检修。线路典型检修工作票示例一见表2-5。

（2）站内工作开关及线路需转检修，工作要求中同时体现开关转检修及线路转检修，若对侧站内无工作，对侧无须提交工作票。线路典型检修工作票示例二见表2-6。

表 2-5	线路典型检修工作票示例一
工作要求	××站××线231开关转检修
工作内容	处理××线231开关A相驱动机构渗油

表 2-6	线路典型检修工作票示例二
工作要求	220kV××线转检修；××站××线221开关转检修
工作内容	××站××线221开关及其TA、221-5刀闸及线路TV检修试验、保护校验传动

（3）站内工作仅线路需转检修，工作要求中开关的状态也应体现，若对侧站内无工作，对侧无须提交工作票。线路典型检修工作票示例三见表2-7。

表 2-7	线路典型检修工作票示例三
工作要求	220kV××线转检修；××站××线277开关转冷备用
工作内容	××线线路阻波器拆除及引线恢复

（4）线路上的工作票中不体现两侧站内断路器的状态，若两侧站内无工作，两侧无须提交工作票；若线路工作涉及线路切改、杆塔改造等，需在工作内容中注明线路送电时需测参、核相、直接送电等要求。线路典型检修工作票示例四见表2-8。

表 2-8	线路典型检修工作票示例四
工作要求	220kV××线转检修
工作内容	#21～#22塔跨××高速杆塔改造，更换#73～#78右相子导线，全线线路小修（送电要求：核相，测参数）

（5）开关的母线侧刀闸有工作，母线和线路开关均需转检修，同时提两张工作票，一张为母线检修申请，一张为开关检修申请。开关的母线侧刀闸工作体现在母线检修申请中；开关检修申请中的工作内容注明"配合××-1/2刀闸…工作"（如同时有其他工作，票中也可不注明"配合××-1/2刀闸…工作"）。线路典型检修工作票示例五见表2-9。

表 2-9	线路典型检修工作票示例五
工作要求	××站220kV#1母线转检修
工作内容	××线283-1、××线284-1刀闸导电部分大修
工作要求	××站××线284开关转检修；220kV××线转检修

续表

工作内容	配合284-1刀闸导电部分大修，284-5刀闸导电部分大修，284开关、284TA、××线线路TV、避雷器检修试验
工作要求	××站××线283开关转检修；220kV××线转检修
工作内容	配合283-1刀闸导电部分大修，283-5刀闸导电部分大修，283开关、283TA、××线线路TV、避雷器检修试验

（6）带电作业相关票。带电作业典型检修工作票示例见表2-10。

表 2-10　　　　　　　　带电作业典型检修工作票示例

工作要求	对系统无要求
工作内容	带电作业：处理220kV××线#21塔悬垂线夹U形螺钉脱出缺陷
工作要求	停用220kV××线重合闸
工作内容	带电作业：220kV××线#032、#033杆塔处理防振锤移位

（7）河北南网220kV电铁站出线为地调直调、省调许可设备；电铁站出线-5刀闸为地调、用户双重调度设备（省调许可）；电铁站站内母线、主变压器为用户自行调度管辖设备。由调管范围可知，电铁站站内设备仅出线-5刀闸和线路TV的工作需要向省调提交检修申请，其余设备不需提交工作票。

1）仅线路TV有工作，此工作仅需在-5刀闸外侧挂地线，因此"工作要求"只体现线路转检修。电铁站典型检修工作票示例一见表2-11。

表 2-11　　　　　　　　电铁站典型检修工作票示例一

工作要求	××站220kV××线转检修
工作内容	××站××线线路TV检修预试

2）出线-5刀闸有工作，此工作需在251-5刀闸两侧挂地线，故"工作要求"中需注明出线刀闸转检修、线路转检修。电铁站典型检修工作票示例二见表2-12。

表 2-12　　　　　　　　电铁站典型检修工作票示例二

工作要求	××电铁站××线212-5刀闸检修；220kV××线转检修
工作内容	212-5刀闸及进线系统检修

2.2.4　母线

（1）总体原则。

1）双母线接线方式的母线TV、母联开关、分段开关及3/2接线方式母线上所联开关有工作的，若和母线同时检修，应一并提交检修申请，并分别注明各个设备转何种状态。（对于3/2接线方式，没有工作的开关的状态不体现，500kV母线的TV有工作，在工作内容里体现，工作要求中注明500kV#××母线转检修）（500kV母线的TV与母线之间没有刀闸，不能单独工作）。

2）3/2接线方式下的220kV变电站：母线TV位于主变压器220kV侧开关与其刀闸之间的，若该站母线、主变压器及TV同时停电，该三个设备应分别提交检修申请。

3）500kV变电站低压侧（66、35、10kV）母线TV、电容器组、电抗器组、站用变压器、所联开关等有工作的，若和母线同时检修，应一并提交检修申请，并分别注明各个设备转何种状态。

没有工作的设备不体现，工作要求中注明××站××kV #××母线转检修；××kV #××母线的TV转检修；××kV #××站用变压器转检修；（××kV）#××电容器组转检修；（××kV #××电容器组的）××开关转检修。

4）开关的母线侧刀闸工作体现在母线检修申请中。

5）需要借母线调度权时，应明确所需的设备状态，如"热备用状态""冷备用状态"等。

（2）双母线接线厂站：仅母线转检修，TV与母联开关、分段开关无工作。母线典型检修工作票示例一见表2-13。

表2-13 母线典型检修工作票示例一

工作要求	××站220kV #1母线转检修
工作内容	××站××线234-1刀闸大修

（3）双母线接线厂站：母线及其TV母联开关、分段开关转检修。母线典型检修工作票示例二见表2-14。

表2-14 母线典型检修工作票示例二

工作要求	××站220kV #1母线转检修；220kV#1母线的TV转检修；母联201开关转检修
工作内容	201开关、201TA、201-1刀闸、220kV#1母线、220kV#1母线的TV、避雷器、21-7刀闸例行试验

（4）3/2接线方式：母线、母线上所联开关、母线的TV转检修。母线典型检修工作票示例三见表2-15。

表 2-15　　　　　　　　母线典型检修工作票示例三

工作要求	××站220kV #2母线转检修；220kV #2母线的TV转检修；××线2813开关转检修；××线2823开关转检修；××线2833开关转检修
工作内容	220kV #2母线防污检查，2813-2、2823-2、2833-2、22-7、#2主变的212-2刀闸检修

（5）500、1000kV低压侧母线带无功补偿装置，需转检修。母线典型检修工作票示例四见表2-16。

表 2-16　　　　　　　　母线典型检修工作票示例四

工作要求	××站66kV #3母线转检修；66kV #3母线的TV转检修；#6电容器组转检修；#6电抗器转检修；#6电容器组的6634开关转检修；#6电抗器的6633开关转检修；#2站用变压器的6635开关转检修；66kV #2站用变压器转检修
工作内容	66kV #3母线及其TV、避雷器、6633、6634、6635开关、63-7、6633-3、6634-3、6634-5、6635-3、6635-4刀闸、#6电容器组、#6电抗器、#2站用变压器间隔一次设备检修试验，低压母线漏气处理

（6）借设备调度权。借设备调度权典型检修工作票示例见表2-17。

表 2-17　　　　　　　借设备调度权典型检修工作票示例

工作要求	借××站220kV #1A母线、220kV #1B母线及母联兼旁路201开关调度权（220kV #1A母线、220kV #1B母线及母联兼旁路201开关热备用状态）
工作内容	配合××站#3主变保护更换后送电

2.2.5　保护及安全自动装置

1．母线保护

（1）双母线保护配置的厂站仅退出一套母线保护，"工作要求"栏内应注明母线保护的装置型号，如BP-2B、RCS-915等。

（2）母线的保护退出，工作要求为（示例）：

1）220kV双母线接线："退出××站220kV母线的BP-2B型保护"。

2）220kV 3/2接线："退出××站220kV#×母线的BP-2B型保护"。

3）220kV双母双分段接线："退出××站220kV A段母线的BP-2B型保护"。注意"220kV"和"A段"之间应有空格隔开。

母线保护典型检修工作票示例见表2-18。

表 2-18　　　　　　　母线保护典型检修工作票示例

工作要求	退出××站220kV A段母线的BP-2B型保护
工作内容	新建#1主变211开关的跳闸、电流、刀闸二次回路接入220kV A段母线的BP-2B型保护并传动，更改定值

2. 线路保护

（1）"退出××站××线××开关的××型保护及其纵联功能"，含义：线路整套保护（包括纵联、后备部分）退出。

（2）"退出××站××线××开关的××型保护的纵联功能"，含义：只退出线路保护的纵联功能，后备保护不退出。

线路保护典型检修工作票示例一、二见表2-19、表2-20。

表 2-19　　　　　　　线路保护典型检修工作票示例一

工作要求	退出××站××线257开关的CSC-103A-G-L型保护及其纵联功能
工作内容	××线257开关的CSC-103A-G-L型保护装置升级

表 2-20　　　　　　　线路保护典型检修工作票示例二

工作要求	退出220kV××线两侧RCS-931型保护的纵联功能
工作内容	220kV××线RCS-931型保护通道优化调整

3. 通信工作

（1）因通信工作影响到省调调管的线路保护、安全自动装置正常运行时，省信通公司向省调提交工作票；影响到省调许可设备运行时，由设备直调单位向省调提交工作票。

（2）保护通道仅在进行迁回时瞬间中断，不需要保护退出的工作，在要求中注明"通道做迁回，保护不退出"；若通道迁回造成同一条线路两套线路保护同路由运行，需在工作内容中明确注明。通信工作典型检修工作票示例一见表2-21。

表 2-21　　　　　　　通信工作典型检修工作票示例一

工作要求	220kV××线PCS-931保护、220kV××线PSL603保护通道瞬间中断（通道做迁回，保护不退出）
工作内容	220kV××线基建通信方式开通工作，××光连接调整（迁回后220kV××线、220kV××线线路两套保护均为同路由运行）

（3）需退出线路主保护的，在工作要求中注明"退出××线两侧××型保护的纵联功能"。通信工作典型检修工作票示例二见表2-22。

表 2-22　　　　　　　通信工作典型检修工作票示例二

工作要求	退出220kV××线两侧PSL603型保护的纵连功能
工作内容	220kV××站机房改造；220kV××线PSL603型保护接口装置切改

（4）线路保护、安全自动装置正式路由发生变更的，在工作内容中应明确"正式路由变更"。

（5）同一工作涉及多条线路保护时，原则上提交一张检修申请票。

4. **安全自动装置**

（1）常见的安全自动装置有过负荷联切装置、失步解列装置、AVC、AGC，需按调度管辖范围划分由设备主管单位按规定向省调提交检修申请。安全自动装置典型检修工作票示例一见表2-23。

表 2-23　　　　　　安全自动装置典型检修工作票示例一

工作要求	退出××站PST-1295型主变压器过负荷联切装置
工作内容	××线162间隔新上PSL-621UDA-G型保护相关二次回路接入PST-1295型主变压器过负荷联切装置，调试传动
工作要求	退出××站××线××开关的CSS-100BE型过负荷切机装置B
工作内容	××线××开关的CSS-100BE型过负荷切机装置B改定值
工作要求	退出××站500kV××线SSP-512型失步解列装置
工作内容	500kV××线SSP-512型失步解列装置退役
工作要求	#1机组AGC退出运行
工作内容	××厂#1机组AGC装置升级、改造
工作要求	××电厂#1、#2机组AVC退出运行
工作内容	××电厂AVC装置升级国产安全操作系统

（2）地调直调、省调许可的主变压器过负荷联/远切等装置提交检修申请时需说明装置编号或型号，以装置定值通知单上的命名为准。

（3）若装置正常状态为退出，工作要求中应为"×××退备用"。安全自动装置典型检修工作票示例二见表2-24。

表 2-24　　　　　　安全自动装置典型检修工作票示例二

工作要求	××站SCS-600型主变压器过负荷联切装置退备用
工作内容	主变压器过负荷联切装置校验

2.2.6　机炉

（1）对于单元制的机组，机组、主变压器检修要分开提交检修申请。机炉典型检修工作票示例一见表2-25。

表 2-25　　　　　　　机炉典型检修工作票示例一

工作要求	××电厂#3机组转检修
工作内容	A级检修
工作要求	××电厂#3主变压器转检修
工作内容	A级检修

（2）机组做试验及辅机设备缺陷对机组出力有影响的，要在"工作要求"中注明；机组试验期间如需退 AGC 或 AVC，在"工作要求"中注明"（AGC/AVC 退出运行）"。如不注明，则认为无须退出 AGC/AVC。机炉典型检修工作票示例二见表 2-26。

表 2-26　　　　　　　　　机炉典型检修工作票示例二

工作要求	××电厂#6机组出力240～550MW（AGC退出运行）
工作内容	#6机组三改摸底供热特性试验

（3）单元制机组，发电机和锅炉统称"机组"。发电机或锅炉有工作时，工作要求中均为"#××机组转检修"。对于母管制机组，机和炉的状态分别体现。机炉典型检修工作票示例三见表 2-27。

表 2-27　　　　　　　　　机炉典型检修工作票示例三

工作要求	#1发电机转检修；#2发电机转检修；#1炉转检修；#2炉转检修
工作内容	循环水母管漏水紧急缺陷处理

（4）300MW 及以上机组为省调直调华北许可设备，300MW 以下机组为省调直调设备；电厂内接于 500kV 线路的主变压器及其开关为省调直调华北许可设备，接于 220kV 线路的主变压器及其开关为省调直调设备。

2.2.7　设备缺陷票

输变电设备因某种缺陷无法正常运行或无法保持正常运行方式，均需提交设备缺陷票。票面的"工作要求"中注明设备缺陷的现象及影响，"工作内容"中注明设备缺陷的具体内容。设备缺陷典型检修工作票示例见表 2-28。

表 2-28　　　　　　　　　设备缺陷典型检修工作票示例

工作要求	××站××线2213开关不能上220kV#4母线运行
工作内容	2213-4刀闸机构卡涩（合不到位）
工作要求	××站××线242开关不能转代
工作内容	××线242-3刀闸触头损坏拆除

2.2.8　新设备投运

（1）新设备投运时由设备主管单位按调度管辖范围划分办理投运申请。

（2）某条线路投运前，线路两侧变电站间隔及线路均应提交投运申请。（××站××kV××线××开关及线路相关一、二次设备投运；××kV

××线投运；××站××kV#1、#2母线及母联××开关相关一、二次设备投运）。新设备投运典型检修工作票示例一见表2-29。

表 2-29　　　　　　　　　　　新设备投运典型检修工作票示例一

工作要求	无
工作内容	A站220kV AB线252开关及线路相关一、二次设备投运
工作要求	无
工作内容	B站220kV AB线273开关及线路相关一、二次设备投运
工作要求	无
工作内容	220kV AB线线路投运

（3）双母线接线的新变电站、电厂升压站启动投运，站内的220kV母线可以合并为一张投运申请，线路、主变压器、母线等保护不需单独提交投运申请（因为有相应一次设备的投运申请）。新设备投运典型检修工作票示例二见表2-30。

表 2-30　　　　　　　　　　　新设备投运典型检修工作票示例二

工作要求	无
工作内容	××站220kV#1、#2母线及母联201开关相关一、二次设备投运

（4）线路保护、母线保护、安全自动装置等更换后也提交相应投运申请。由于保护、安全自动装置更换前后型号可能不一致，"工作内容"中直接填写更换后的保护型号"××站××母线的××型保护投运"。新设备投运典型检修工作票示例三见表2-31。

表 2-31　　　　　　　　　　　新设备投运典型检修工作票示例三

工作要求	无
工作内容	220kV A段母线的新CSC-150A-G型保护投运
工作要求	无
工作内容	1000kV××线T011、T012开关的CSC391A型失步解列装置投运

（5）新机组启动并网前由电厂提交首次并网申请及并网后机组试验申请。新设备投运典型检修工作票示例四见表2-32。

表 2-32　　　　　　　　　　　新设备投运典型检修工作票示例四

工作要求	借220kV#2母线调度权（冷备用状态）
工作内容	220kV#2母线零起升压检同期试验

（6）新设备投运前做模拟相量检查对电网有要求的需按规定提交检修申

请，"工作要求"中说明做模拟相量需要的条件。新设备投运典型检修工作票示例四见表2-33。

表 2-33　　　　　　　新设备投运典型检修工作票示例四

工作要求	××升压站220kV#1母线转冷备用
工作内容	配合××升压站#2主变压器继电保护模拟相量试验；配合××升压站#2主变压器投运

2.2.9　新能源场站

（1）并于110kV及以下的集中式风电或光伏场站中风力发电机、光伏阵列为省调直调，静止无功发生器（SVG）为省调许可设备。

（2）并于220kV系统的集中式风电或光伏发电，并网线及站内设备均为升压站运维设备，因此施工受令单位均为升压站。并网线路、站内220kV母线、站内35kV母线、升压变压器、SVG、风力发电机/光伏阵列需按照设备类型与调管范围分别提交工作票；若各35kV母线、升压变压器、SVG、风力发电机/光伏阵列工作时间不同，在检修工作票中应予以体现。

（3）新投新能源厂站应提交投运票，并网线路、站内220kV母线、站内35kV母线、站内主变压器、SVG应分别提交工作票，风力发电机、光伏阵列具备并网条件时应提交首次并网票。首次并网投运票应和场站升压站的反送电时间相衔接，不应重合。首次并网需场站其他光伏阵列、风力发电机停运时，应在"工作要求"中明确其状态，无要求时"工作要求"填"无"。"工作内容"明确投产的光伏阵列、风力发电机编号，特别应注明投产容量，如"#××-#××光伏阵列（总容量××MW）首次并网"。

（4）新能源场站因站内外设备发生危急缺陷确需立即停运设备时，现场值班员应按照现场规程紧急处置（包含将相关设备紧急停运），初步确定检修工期后，向省调办理停电检修工作票，根据消缺要求，确定"工作要求"中光伏阵列、风力发电机、SVG为"转检修"或"退备用"状态。新能源场站典型检修工作票示例一见表2-34。

表 2-34　　　　　　　新能源场站典型检修工作票示例一

工作要求	#5风力发电机退备用
工作内容	配合#5箱式变压器故障处理
工作要求	××光伏电站#27光伏阵列转检修
工作内容	#27光伏阵列逆变器消缺

新能源场站站内有计划性检修时，需向省调办理检修申请，根据现场工作要求，确定光伏阵列、风力发电机、SVG为"转检修"或"退备用"状态。新能源场站典型检修工作票示例二见表2-35。

表 2-35　　　　　　　　新能源场站典型检修工作票示例二

工作要求	#1 ～ #45风力发电机转检修
工作内容	××风电场全站停电检修预试；配合××站220kV母线停电
工作要求	××风电场#20、#21风力发电机退备用
工作内容	配合#2集电线路检修

2.2.10　方式调整

方式调整典型检修工作票示例见表2-36。

表 2-36　　　　　　　　方式调整典型检修工作票示例

工作要求	借××站母联201开关操作权（热备用状态）
工作内容	配合110kV××站运行方式调整（××站#1、#2主变压器由110kV××线、××线倒至110kV××线供电）
工作要求	××站倒220kV×× Ⅰ、Ⅱ线供电
工作内容	配合220kV×× Ⅰ线检修、运行方式调整
工作要求	××站220kV母线分裂运行（××线292开关、#3主变压器的213开关上220kV#1母线运行；××线291开关、#2主变压器的212开关上220kV#2母线运行；母联201开关热备用状态）
工作内容	运行方式调整，落实电网安全措施

2.2.11　变电站合并单元和智能终端

（1）间隔合并单元、智能终端的命名。

1）双母线、单母线：应按照一次设备名称+开关号+合并单元（智能终端、合智一体装置）型号+"合并单元"（"智能终端""合智一体装置"）+过程层网络编号。例如：××线××开关的××型合并单元A（或B）、××线××开关的××型智能终端A（或B）、××线××开关的××型合智一体装置A（或B）。

2）3/2接线、桥接线、母联（分段）开关：应按照开关号（一次设备名称）+合并单元（智能终端、合智一体装置）型号+"合并单元"（"智能终端""合智一体装置"）+过程层网络编号。例如：××开关的××型合并单元A（或B）、××开关的××型智能终端A（或B）、××开关的××型合智一体装置A（或B）。3/2接线按线路配置的命名为"××线的××型合并单元A（或B）"。

（2）母线电压合并单元命名。按照电压等级+合并单元型号+"母线电压合并单元"+过程层网络编号。例如：××kV××型母线电压合并单元A。

（3）母线智能终端命名。按照电压等级+母线名称+智能终端型号+"母线智能终端"。例如：××kV#×母线的××型母线智能终端。

（4）变压器本体智能终端命名。按照变压器名称+智能终端型号+"本体智能终端"。例如：#×主变压器的××型本体智能终端。

（5）智能变电站合并单元、智能终端检修工作，依据"工作内容"，按调度管辖范围，对电网的"工作要求"进行合并申请。

（6）"工作要求"涉及的设备均为同一调度管辖范围时，一般将"工作内容"需要的一、二次方式变更，均体现在同一张检修申请的"工作要求"中。合并单元与智能终端典型检修工作票示例一见表2-37。

表2-37　　　　合并单元与智能终端典型检修工作票示例一

工作要求	××站××线××开关转冷备用，退出××站220kV母线的CSC-150型保护
工作内容	××线277开关的DBU-806/G型智能终端A升级，试验；220kV CSC-150型母线保护传动277开关

（7）"工作要求"涉及的设备隶属于不同调度管辖范围时，需按调管范围不同分别提交检修申请。合并单元与智能终端典型检修工作票示例二见表2-38。

表2-38　　　　合并单元与智能终端典型检修工作票示例二

工作要求	退出××站#3主变压器的WBH-801T2-DA-G型保护1
工作内容	处理××站#3主变压器213开关的CSD-602AG型合并单元1家族性缺陷
工作要求	退出××220kV母线的WMH-801A-DA-G型保护
工作内容	处理××站#3主变压器213开关的CSD-602AG型合并单元1家族性缺陷

（8）一次设备停运时，"工作要求"中不必注明本间隔保护退出、智能终端退出或影响到的功能等。合并单元与智能终端典型检修工作票示例三见表2-39。

表2-39　　　　合并单元与智能终端典型检修工作票示例三

工作要求	××站××Ⅱ线232开关转检修
工作内容	处理232开关控制回路断线、智能终端装置异常缺陷

（9）一次设备不停运时，间隔合并单元、母线电压合并单元的工作，"工作要求"中要注明将影响到的所有保护装置退出。合并单元与智能终端典型检修工作票示例四见表2-40。

表 2-40　　　　　合并单元与智能终端典型检修工作票示例四

工作要求	退出××站500kV×× I 线PCS型纵联电流差动保护及远跳保护1、退出××站500kV×× I 线5031开关的PCS型开关保护A、退出××站500kV×× I 线/×× II 线5032开关的PCS型开关保护A
工作内容	500kV×× I 线/×× II 线5032开关的PCS型开关保护A采样值（sampled value，SV）断链缺陷检查及处理

（10）一次设备不停运时，若多个间隔合并单元轮流进行工作均需退出同一母线保护时，该母线保护宜单独提交一张检修申请，"工作时间"涵盖各间隔的"工作时间"，时长一般不超一天，以避免工作期间母线保护频繁投退。"工作内容"应包括工作时间内所涉及的各间隔工作内容。合并单元与智能终端典型检修工作票示例五见表2-41。

表 2-41　　　　　合并单元与智能终端典型检修工作票示例五

工作要求	退出××站220kV母线的WMH-801A-DA-G型保护
工作内容	配合×× II 线264开关的DMU-831/G1型合并单元B、×× I 线266开关的DMU-831/G1型合并单元B、#2主变压器212开关的DMU-831/G1型合并单元B、母联201开关的DMU-831/G1型合并单元B反措升级
工作要求	退出××站母联201开关的NSR-322CG-D1型保护B
工作内容	201开关的DMU-831/G1型合并单元B反措升级
工作要求	退出××站#3主变压器的NSR378T2型保护B
工作内容	#3主变压器213开关的DMU-831/G1型合并单元B反措升级
工作要求	退出××站#2主变压器的NSR378T2型保护B
工作内容	#2主变压器212开关的DMU-831/G1型合并单元B反措升级
工作要求	退出××站×× I 线266开关的WXH-803A-DA-G-L型保护及其纵联功能
工作内容	×× I 线266开关的DMU-831/G1型合并单元B反措升级
工作要求	退出××站×× II 线265开关的WXH-803A-DA-G-L型保护及其纵联功能
工作内容	×× II 线265开关的DMU-831/G1型合并单元B反措升级
工作要求	退出××站×× II 线264开关的WXH-803A-DA-G-L型保护及其纵联功能
工作内容	×× II 线264开关的DMU-831/G1型合并单元B反措升级

（11）一次设备不停运时，间隔智能终端的工作，"工作要求"中除应注明该智能终端退出，还要将影响到的保护装置退出。合并单元与智能终端典

型检修工作票示例六见表2-42。

表2-42　　　　　　　合并单元与智能终端典型检修工作票示例六

工作要求	退出××站××线275开关的PSL603UA-DA-G-L型保护及其纵联功能；退出××站220kV母线的SGB-750D-DA-G型保护；退出××线275开关的PRS-7789型智能终端B
工作内容	××线275开关的PRS-7789型智能终端B升级（因××线275开关的PSL603UA-DA-G-L型保护、220kV母线的SGB-750D-DA-G型保护与××线275开关的PRS-7789型智能终端B有通信回路关联，需配合退出运行）

（12）一次设备不停运时，母线智能终端的工作："工作要求"中除应注明该智能终端退出，还应注明影响到的主要功能。如影响电压并列功能的，"工作要求"应注明"××kV母线电压无法并列"。母线智能终端调度员不单独下令投退。合并单元与智能终端典型检修工作票示例七见表2-43。

表2-43　　　　　　　合并单元与智能终端典型检修工作票示例七

工作要求	退出××站220kV #2母线的NSR385BG型母线智能终端；220kV母线电压无法并列
工作内容	××站220kV #2母线的NSR385BG型母线智能终端软件升级、试验

（13）对于一组检修申请票，执行时应注意同一工作内容的工作要求均操作完毕后，工作方可开工。

（14）"工作要求"只涉及保护退出时，"分类"为"保护装置"；涉及一、二次设备时，"分类"按一次设备分类原则进行分类；"智能终端退出""无法调压"等，"分类"为"其他"。

2.2.12　安措要求停电设备

因安措要求设备需停电，造成检修工作票工作内容和停电范围不一致，需在"工作内容"中注明原因。电范围扩大典型检修工作票示例见表2-44。

表2-44　　　　　　　　停电范围扩大典型检修工作票示例

工作要求	××站××线288开关转冷备用；220kV××线转检修
工作内容	配合××站220kV组合电器主母线筒异响震动处理及耐压试验（安措要求××线线路侧转检修）

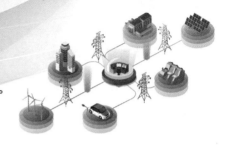

3 电网倒闸操作管理

3.1 电网倒闸操作管理规定

3.1.1 操作原则

1. 调度倒闸操作原则

调控机构应按直调范围进行调度倒闸操作。许可设备的操作应经上级调控机构值班调度员许可后方可执行。对下级调控机构调管设备运行有影响时，应在操作前通知下级调控机构值班调度员。

凡属双重调度设备的操作，下达指令方调度员应于操作前后通知另一方调度员。省调、地调各自调度管辖的设备，必要时可以委托对方临时调度，但须事先办理审批手续。被委托方交还设备时，若经双方同意，可不必将设备恢复到移交时的状态，否则应恢复到移交时的状态。设备移交时，双方要做好记录，并及时通知有关单位值班人员。

（1）操作前应考虑以下问题：

1）接线方式改变后电网的稳定性和合理性，有功功率、无功功率平衡及备用容量，水库综合运用及新能源消纳。

2）电网安全措施和事故预案的落实情况。

3）操作引起的输送功率、电压、频率的变化，潮流超过稳定限额、设备过负荷、电压超过正常范围等情况。

4）继电保护及安全自动装置运行方式是否合理，变压器中性点接地方式、无功补偿装置投入情况。

5）操作后对设备监控、通信、远动等设备的影响。

6）倒闸操作步骤的正确性、合理性及对相关单位的影响。

（2）计划操作应尽量避免在下列时间进行，特殊情况下进行操作应有相应的安全措施：

1）交接班时。

2）雷雨、大风等恶劣天气时。

3）电网发生异常及故障时。

4）电网高峰负荷时段。

2．调度倒闸操作指令票

（1）填写规范。调度倒闸操作应填写操作指令票。拟写操作指令票应以检修申请票或临时工作要求、日前调度计划、设备调试调度实施方案、安全稳定及继电保护相关规定等为依据。拟写操作指令票前，拟票人应核对现场一、二次设备实际状态，并满足以下条件：

1）拟写操作指令票应做到任务明确、票面清晰。

2）操作指令票的拟票人、审核人、审批人、下令人、监护人必须签字。

3）操作指令票应使用统一的调度术语和设备双重名称，涉及无人值班变电站设备的操作时，应在双重名称前加上变电站名称。

4）操作顺序有要求时，应以中文一、二、三……标明指令的序号；一条指令分为若干小项时，应按操作的先后顺序，用阿拉伯数字1，2，3……标明项号。

5）操作指令票的内容不准出现错字、漏项等；尚未执行的操作指令票不用时，应在票面注明"作废"字样；已审批签字的操作指令票作废的应注明作废原因。操作指令票中需要说明的事项，应记录在操作指令票的备注栏。

6）操作指令票执行过程中，因设备或电网异常等原因导致该指令不能继续执行时，应终止执行，值班调度员须在该操作指令票票面注明"终止执行"字样，并在备注栏注明终止执行的原因。

（2）调度指令的形式。

1）综合指令。仅涉及一个单位的倒闸操作，可采用综合指令的形式。

2）逐项指令。凡涉及两个及以上单位的倒闸操作，或在前一项操作完成后才能进行下一项的操作任务，必须采用逐项指令的形式。

3）即时指令。机炉启停、日调度计划下达、运行调整、异常及故障处置等可采用即时指令的形式。下达即时指令时，发令人与受令人可不填写操作指令票，但双方要做好记录并使用录音。

（3）倒闸操作票分类。操作预令不具备正式调度指令效果，正式操作应执行当值调度员通过调度电话正式下达的调度指令。调控机构发布操作预令后，相关运维人员登录系统自行签收。操作指令票分为计划操作指令票和临时操作指令票，其具体要求如下：

1）计划操作指令票应依据检修申请票拟写，必须经过拟票、审核、审批、下达预令、执行、归档六个环节，其中拟票、审核、审批须由不同人完成。单一开关、刀闸、保护及自动装置的操作可不下达预令。

2）临时操作指令票应依据临时工作申请和电网故障处置需要拟写，可不下达预令。

3．系统解、并列与解、合环操作

（1）系统并列前，原则上需满足以下条件：

1）相序、相位相同。

2）频率偏差应在0.1Hz以内。特殊情况下，当频率偏差超出允许偏差时，可经过计算确定允许值。

3）并列点电压偏差在5%以内。特殊情况下，当电压偏差超出允许偏差时，可经过计算确定允许值。

（2）系统并列操作必须使用同期装置。

（3）系统解列操作前，原则上应将解列点的有功功率调至零，无功功率调至最小，使解列后的两个系统频率、电压均在允许范围内。

（4）系统解环、合环操作必须保证操作后潮流不超继电保护、电网稳定和设备容量等方面的限额，电压在正常范围内。具备条件时，合环操作应使用同期装置。

4．线路操作

（1）停、送电注意事项。

1）线路停、送电操作应考虑潮流转移和系统电压，特别注意使运行线路不过负荷、断面输送功率不超过稳定限额，应防止发电机自励磁及线路末端电压超过允许值。

2）尽量避免由发电厂侧向线路充电。

3）线路充电开关必须具备完善的继电保护，并保证有足够的灵敏度。

4）220kV及以上线路转检修或转运行的操作，线路末端不允许带有变压器。

5）线路高压电抗器（无专用开关）投停操作必须在线路冷备用或检修状态下进行。

6）正常停运带串联补偿装置的线路时，先停串联补偿装置，后停线路；带串联补偿装置线路恢复运行时，先投线路，后投串联补偿装置。

（2）一般停送电顺序。

1）如一侧为发电厂，一侧为变电站，一般先拉开电厂侧开关、后拉开变电站侧开关；如两侧均为变电站，先拉开线路送端开关、再拉开线路受端开关。

2）拉开线路各侧开关的两侧刀闸（先拉线路侧刀闸，再拉母线侧刀闸）。

3）在线路上可能来电的各侧挂地线（或合上接地开关）。

4）线路送电操作与上述顺序相反。

（3）任何情况下禁止"约时"停电和送电。

5．开关操作

开关合闸前，应确认相关设备的继电保护已按规定投入。开关合闸后，应确认三相均已合上，三相电流基本平衡；开关拉开后，应确认三相均已断开。

交流母线为3/2开关接线方式的设备送电时，应先合母线侧开关，后合中间开关。停电时应先拉开中间开关，后拉开母线侧开关。

6．刀闸操作

（1）刀闸操作范围。

1）拉、合220kV及以下空载母线，但在用刀闸给母线充电时，应先用开关给母线充电无问题后进行。

2）拉、合经试验允许和批准的3/2开关接线母线环流。

3）开关可靠闭合状态下，拉、合开关的旁路电流。

（2）未经试验不允许使用刀闸进行以下操作：

1）拉、合500kV及以上空载母线。

2）拉、合空载线路、并联电抗器和空载变压器。

（3）其他刀闸操作按厂站规程执行。

7．变压器操作

变压器并列运行条件：接线组别相同，变比相等，短路电压相等。变比不同和短路电压不等的变压器经计算和试验，在任一台都不发生过负荷的情况下，可以并列运行。

一般情况下，变压器投入运行时，应将变压器保护按正常方式投入，先合电源侧开关、后合负荷侧开关；停电时顺序相反。对于有多侧电源的变压器，应同时考虑差动保护灵敏度和后备保护情况。

变压器投运、停运前，110kV及以上侧中性点必须接地。运行中的变压器，其110kV或以上侧开关处于断开位置时，相应侧中性点应接地。

110kV及以上变压器倒换中性点接地方式时应按先合后拉的原则进行。

8．发电机操作

发电机应采取准同期并列。发电机正常解列前，应先将有功功率、无功功率降至最低，再拉开发电机出口开关，切断励磁。

9．零起升压操作

零起升压系统必须与运行系统可靠隔离。

用发电机对系统设备零起升压应事先进行计算，防止发生过电压、自励磁等问题，发电机强励磁退出，联跳其他非零起升压回路开关的连接片退出，其余保护均可靠投入。

对主变压器零起升压时，该变压器保护必须完整并可靠投入，联跳其他非零起升压回路开关连接片退出，中性点必须接地。

对线路零起升压时，该线路保护必须完整并可靠投入，联跳其他非零起升压回路开关连接片退出，线路重合闸停用。

对双母线中的一组母线零起升压时，母线差动保护应采取适当措施防止误动作。

10．母线倒闸操作原则

母线操作前，应根据现场运行规程规定将母线保护运行方式作相应切换，以适应母线运行方式。

在倒母线操作前应将母联开关的直流控制电源断开，操作完毕投入直流控制电源。

向母线充电应使用带有反应各种故障类型的速动保护的开关，且充电时保护在投入状态；充电前确认母线保护未投"互联"方式。用变压器开关向母线充电时，该变压器中性点必须接地。

防止经TV二次侧反充电。

3.1.2　500kV设备授权操作

1．总则

为进一步优化华北电网输变电设备倒闸操作模式，提高大电网调度运行工作效率，国家电网公司华北电力调控分中心（简称华北分中心）依据《国家电网调度控制管理规程》等规程规定，计划开展500kV电网授权操作。授权操作指华北分中心将直调500kV输变电设备授权相关省（市）调实施倒闸操作。为规范授权操作调度运行管理，特制定授权操作规定。

授权操作规定适用于华北分中心直调500kV输变电设备开展授权操作的倒闸操作及检修工作票开工、完工管理。

2. 授权操作范围

满足下列条件之一的直调500kV线路及两侧厂站设备（500kV母线、主变压器、高压电抗器、开关）列为授权操作设备：

（1）线路全线及两侧变电站均由同一省（市）电力公司运维。

（2）许可调度机组所在电厂送出线路全线及对侧变电站均由同一省（市）电力公司运维。

授权操作具体设备范围以华北分中心相关文件及新设备启动申请票为准。授权操作仅针对设备（线路、母线、主变压器、高压电抗器、开关及相关继电保护装置等）的常规计划操作，故障异常处置不采用授权操作。新设备启动时，须在其基建启动申请票中明确，启动结束后相关设备自动纳入授权操作范围。特殊送电需执行送电方案（如开关充电、TA测相量等）时，华北分中心依据实际情况与省（市）调协商，确定是否开展授权操作。

原则上授权操作范围内的设备正常均开展授权操作，具体安排由华北分中心值班调度员根据检修工作计划并结合电网实际运行情况通知各省（市）调，各省（市）调值班调度员开展授权操作前应征得华北分中心值班调度员同意。

3. 授权操作流程

（1）华北分中心通知省（市）调开展授权操作准备工作。省（市）调依据华北分中心批复的检修工作票，与设备集中监控机构或相关厂站（以下统称操作受令单位）明确倒闸操作内容和具体要求，具备条件后，向华北分中心申请倒闸操作。华北分中心负责倒闸操作前的电网潮流及方式调整，对倒闸操作带来的电网拓扑变化进行安全校核，并调整相关安全自动装置状态。华北分中心确认具备停电条件后，向省（市）调明确授权操作开始，授权省（市）调开展停电倒闸操作。省（市）调向操作受令单位下达停电操作指令。倒闸操作结束后，省（市）调向华北分中心汇报，并申请检修工作票开工。华北分中心向省（市）调下达检修工作票开工令，省（市）调向相关单位转达检修工作票开工令。华北分中心向省（市）调明确本次授权操作完毕。具体流程如下：

1）华北分中心通知省（市）调开展授权操作准备工作。

2）省（市）调根据华北分中心批复的检修工作票，与操作受令单位明确停电设备、停电范围、工作内容等，编写停电操作指令票，并按各省（市）调倒闸操作管理要求（如预令下达等）准备相关倒闸操作事宜。同时，华北分中心依据检修工作票核实专业批复意见和相关要求，开展设备停电相关的潮流及方式调整，对电网拓扑变化进行安全校核，并开展安全自动装置相关操作。

3）省（市）调向华北分中心申请开始倒闸操作。

4）华北分中心向省（市）调明确授权操作工作开始，授权省（市）调开展停电倒闸操作。

5）省（市）调在得到华北分中心的授权后，向操作受令单位下达倒闸操作指令，将设备停电。

6）倒闸操作结束后，省（市）调与操作受令单位核实设备状态，并确认具备开工条件后，向华北分中心申请开工。

7）华北分中心向省（市）调下达检修工作票开工令，省（市）调向相关单位转达检修工作票开工令。

8）华北分中心向省（市）调明确授权操作工作完毕。

（2）检修工作结束后，相关单位向省（市）调申请办理检修工作票完工，省（市）调向华北分中心申请办理检修工作票完工。华北分中心办理检修工作票完工，并确认所有检修工作全部结束后，通知省（市）调开展授权操作准备工作。省（市）调依据华北分中心批复的检修工作票，与操作受令单位明确倒闸操作内容和具体要求，具备条件后，向华北分中心申请倒闸操作。华北分中心确认具备送电条件后，向省（市）调明确授权操作开始，授权省（市）调开展送电倒闸操作，省（市）调向操作受令单位下达送电操作指令。倒闸操作结束后，省（市）调向华北分中心汇报，并说明设备运行状态，华北分中心向省（市）调明确授权操作完毕。华北分中心调整相关安全自动装置状态。具体流程如下：

1）检修结束后，相关单位向省（市）调申请检修工作票报完工。

2）省（市）调向华北分中心申请检修工作票报完工。

3）华北分中心办理检修工作票完工后，确认相关检修工作全部结束并具备送电条件后，通知省（市）调开展授权操作准备工作。

4）省（市）调依据华北分中心批复的检修工作票，与操作受令单位明确倒闸操作内容和具体要求，核对当前运行方式、设备状态，明确倒闸操作任务，沟通倒闸操作步骤，编写送电操作指令票。具备条件后，向华北分中心申请倒闸操作。

5）华北分中心进行电网潮流及方式调整后，华北分中心向省（市）调明确授权操作工作开始，授权省（市）调开展送电倒闸操作。

6）省（市）调在得到华北分中心的授权后，向操作受令单位下达倒闸操作指令，将设备送电。

7）倒闸操作结束后，省（市）调向华北分中心汇报。

8）华北分中心向省（市）调明确授权操作工作完毕。

9）华北分中心开展安全自动装置相关操作。

4. 授权操作工作要求

原则上单次授权操作仅包含本次检修停电范围内的设备，若包含多条（台）线路、主变压器、母线，华北分中心负责向省（市）调明确各设备停电、送电顺序。

线路及主变压器停电、送电授权操作前，华北分中心负责向省（市）调明确解环、合环点要求。

设备停电时，华北分中心先下令调整停电涉及的直调安全自动装置状态，然后再开展授权操作。设备送电时，省（市）调完成授权操作后，华北分中心再下令调整相关直调安全自动装置状态。停送电涉及的由现场自行投退的安全自动装置连接片，由操作受令单位根据设备状态按相关运行规程操作。

授权操作中，一次设备停电时，设备转为冷备用后方可退出相关继电保护装置，一次设备送电时，设备检修完工后或转为冷备用状态时应投入相关继电保护装置。

授权操作期间发生以下情况，暂停或取消授权操作：

（1）授权操作设备在操作过程中发生故障或异常，省（市）调暂停操作并汇报华北分中心，华北分中心进行处置，省（市）调配合，待处置结束后视情况继续开展或取消授权操作。

（2）华北分中心未授权设备发生故障或异常，若影响授权操作，华北分中心暂停授权操作并进行处置，待处置结束后视情况继续开展或取消授权操作。

（3）省（市）调直调设备发生故障或异常，若影响授权操作，省（市）调暂停授权操作并汇报华北分中心，省（市）调进行处置，待处置完成后省（市）调向华北分中心申请继续开展或取消授权操作。

由省（市）调转达的检修工作票开工令，检修工作完成后或需延期时，相关单位向省（市）调报完工或申请延期，省（市）调转报华北分中心。华北分中心直接下达的检修工作票开工令，检修工作完成后或需延期时，相关单位向华北分中心报完工或申请延期。

华北分中心及省（市）调值班调度员开展授权操作均应填写正式操作票。

5．授权操作期间各单位职责

华北分中心负责授权操作前后电网潮流及方式调整，调整涉及的直调安全自动装置状态，并对授权操作带来的电网拓扑变化进行安全校核。

省（市）调负责下达具体的操作指令，对操作指令的正确性负责，负责转达检修工作票开工、完工及延期申请。

操作受令单位负责执行省（市）调下达的操作指令，对操作的正确性和安全性负责。

3.1.3　220kV线路操作权下放

1．总则

为适应电网和公司发展方式转变，河北电力调度控制中心在充分总结试点经验基础上，决定在河北南网范围内全面推广220kV线路操作权下放，整体工作以"省调管电网结构及风险防控，地调负责线路计划停送电"为原则组织实施。

2．职责分工

线路及其两端开关属同一供电公司运维的220kV线路，列入本次下放范围，由相应地调承担上述线路的调度操作权。

操作权下放的线路，仍由省调调度管辖，省调仍全面负责其停电计划编制、线路潮流调整控制、新设备投运、设备异常及故障处理等。

操作权下放的线路停送电过程中，电网安全校核、安全措施落实及恢复、电网一次方式调整、二次设备投停等调度业务仍由省调负责。地调负责按照省调安排，指挥变电站运维人员完成操作权下放线路的计划性转检修、转冷备用及恢复送电操作。但不含以下情况：

（1）3/2接线的变电站，仅单一开关（线路边开关或中开关）停送电。

（2）以旁路（或母兼旁）开关转代220kV出线开关。

3．倒闸操作流程

地调签收省调批复的相关检修工作票后，应及时通知现场运维人员该线路由地调负责停送电操作。

计划性停送电工作应编制调度操作预令，并在20:00前完成次日停电调度操作预令的下发。地调监控员和现场运维人员在接收到地调下发预令2h内，核对相关操作预令，完成预令的回签。

（1）线路操作前，地调提前完成如下工作：

1）查阅省调批复的检修工作票，明确操作任务。

2）通知并确认运维人员到站，与现场核实天气等具备操作条件。

3）与运维人员核对实际检修任务与检修工作票内容一致，核对当前运行方式、设备状态，明确操作任务，沟通操作步骤，准备操作命令票。

（2）线路操作前，省调应完成如下工作：

1）与现场运维人员核对当前设备运行方式、状态。

2）与地调核对执行的检修工作票内容、操作任务，明确当前设备状态及操作完成后线路及两侧开关状态；对于双母线接线间隔，送电时应明确开关所上母线。

3）落实所需安全措施；开展电网安全校核。

4）根据需要调整电网一、二次方式，包括倒间隔、合解环，保护及安全自动装置投退等。

省调和地调准备就绪后，省调向地调下达正式许可操作指令。地调在得到省调的许可后，向现场运维人员下令操作。操作过程中，如出现异常或故障，现场人员应立即汇报地调；地调应中止操作并汇报省调。由现场人员向省调报告当前设备状态、异常或故障情况。省调处置完毕后，视情况通知地调继续或终止操作，通知时应明确当前设备状态。

操作过程中，因电网方式变更、事故等需立即停止操作时，省调应及时通知地调；具备操作条件后，再通知地调继续操作。

操作结束后，地调与现场核实设备状态，并确认相关设备无异常后，向省调报告操作结束，并说明设备运行状态；现场设备若有异常缺陷，应重点汇报，双方做好记录。

操作结束后，省调负责根据需要调整电网一、二次方式，通知安全措施恢复。

操作权下放线路的检修工作票的开竣工、延期、顺延等手续，由各相关单位向省调办理。

4．其他有关事项

线路开关配合线路停电有检修工作时，挂、拆开关两侧地线的操作，仍由省调许可现场运维人员自理。

地调操作线路转检修后，如线路有工作，省调将线路工作相关检修申请票直接对地调开工。

变电站内线路及开关工作完毕，现场运维人员在向省调报检修工作票竣工时，应同时通知地调值班调度员。

地调操作线路时，在调度技术支持系统中挂、拆标明设备状态标识牌（接地线等）的操作仍由省调完成。地调应有装设接地线的记录，并作为交接班一项内容。

新投运线路操作权下放时，由省调值班调度员通过调度电话通知地调值班调度员，双方履行操作权移交手续，并做好记录。

3.1.4 网络化下令

1. 总则

调度倒闸操作下令分为网络化下令、调度电话下令两种方式。省调网络化下令是指省调值班调度员（简称省调调度员）、受令单位运行人员通过河北省调的调度倒闸操作网络化下令管理系统（简称网络化下令系统），进行调度操作指令票的预令下发及签收、正令下令、厂站复诵、调度确认、厂站回令、调度收令、厂站确认等环节的网络化流转。

2. 网络化下令业务流程

（1）省调调度员、受令单位运行人员值班期间，保持网络化下令系统登录状态，及时完成系统交接班及签到，发布（接收）调度倒闸操作预令、正令，汇报指令完成情况。

（2）调度倒闸操作网络化下令分为预令下发和正令执行两阶段。

（3）省调调度员通过网络化下令系统向受令单位下发操作票预令，受令单位运行人员核对操作票信息无误后，在系统中签收；如对票面内容有疑问，受令单位运行人员应通过调度电话向省调调度员汇报，省调调度员更改预令或确认指令无误后，再进行签收。

（4）正令执行阶段包括调度下令、厂站复诵、调度确认、厂站回令、调度收令、厂站确认等环节。

1）调度下令：省调调度员通过网络化下令系统向受令单位正式下达操作指令。

2）厂站复诵：受令单位运行人员确认操作内容正确无误且具备操作条件后，在网络化下令系统中填写复诵指令的关键信息（复诵错误两次以上，系统将自动收回调度指令，现场运行人员需通过直通电话汇报省调调度员，确认无问题后，方可重新下达网络化指令）。

3）调度确认：网络化下令系统核对受令人复诵关键信息与下达指令完全一致后，省调调度员予以确认。调度确认后，受令单位运行人员方可按照操作指令内容和顺序，进行相应操作。

4）厂站回令：受令单位运行人员根据操作指令完成相应操作，并核实设备状态无误后，通过网络化下令系统向省调调度员回复该指令。

5）调度收令：省调调度员收到现场回令后，通过网络化下令系统校核智能电网调度控制系统中设备状态与指令内容一致后，进行收令。

6）厂站确认：省调调度员收令后，受令单位运行人员确认调度已收令。

省调调度员下发预令后，受令单位运行人员应在22:00前完成预令签收。受令单位运行人员应在上一环节结束后3min内完成厂站复诵、厂站确认等环节。

3．网络化下令系统异常处置

（1）基本处置原则。网络化下令执行过程中，如遇突发情况，导致网络化下令无法正常进行时，受令单位运行人员应立即通过调度电话向省调调度员汇报，由省调调度员决定是否继续进行网络化下令。突发情况包括：

1）网络化下令系统异常或网络异常。

2）操作指令与现场设备状态不符。

3）对操作指令存在疑问。

4）操作指令可能引起误操作或对人身、设备构成威胁。

5）因各种原因造成现场操作受阻。

6）因突发电力系统事故或设备故障可能影响正在执行中的相关操作。

7）其他需要立即汇报省调的情况。

（2）硬件设备、软件或通信网络故障时，按以下原则处置：

1）厂站端硬件设备、软件或通信网络故障，导致网络化下令无法正常运行时，各受令单位当值人员应立即汇报省调，并通知相关人员检查处理。

2）主站端硬件设备、软件或通信网络故障，导致网络化下令系统无法正常运行时，省调调度员应立即通知相关运维人员检查处理，并通知受令单位运行人员暂时终止网络化下令，视处理情况决定是否转为直通电话下令。

（3）当省调调度员已通过网络化下令系统下达调度指令，受令人未复诵指令或虽已复诵指令但未经省调调度员确认执行操作前网络化下令系统或网络发生异常，则该调度指令不得执行。若省调调度员已确认执行操作，可将该调度指令执行完毕。

3.2 典型倒闸操作示例

3.2.1 500kV线路操作

500kV线路操作见表3-1、表3-2。

表 3-1　　　　　　　　　　　　500kV 甲乙 I 线停电操作

序号	单位	项号	操作内容
一	甲电厂	1	令：甲乙 I 线 5012 开关由运行转热备用
		2	令：甲乙 I 线 5013 开关由运行转热备用
二	省集控	1	令：乙站甲乙 I 线 5022 开关由运行转热备用
		2	令：乙站甲乙 I 线 5021 开关由运行转热备用
三	甲电厂	1	令：甲乙 I 线 5012 开关由热备用转冷备用
		2	令：甲乙 I 线 5013 开关由热备用转冷备用
三	省集控	1	令：乙站甲乙 I 线 5022 开关由热备用转冷备用
		2	令：乙站甲乙 I 线 5021 开关由热备用转冷备用
四	甲电厂	1	令：合上甲乙 I 线 5013-67 刀闸
		2	令：甲乙 I 线 5012 开关由冷备用转检修
		3	令：甲乙 I 线 5013 开关由冷备用转检修
四	省集控	1	令：乙站合上甲乙 I 线 5021-67 刀闸
		2	令：乙站甲乙 I 线 5022 开关由冷备用转检修
		3	令：乙站甲乙 I 线 5021 开关由冷备用转检修
五	超调	1	通知：500kV 甲乙 I 线线路已转检修
备注			（1）××:××，网调（××）：500kV 甲乙 I 线停电授权操作开始，甲电厂侧解环。 （2）××:××，汇报网调（××）：500kV 甲乙 I 线已停电

表 3-2　　　　　　　　　　　　500kV 甲乙 I 线线路送电操作

序号	单位	项号	操作内容
一	省集控	1	令：乙站甲乙 I 线 5021 开关由检修转冷备用
		2	令：乙站甲乙 I 线 5022 开关由检修转冷备用
		3	令：乙站拉开甲乙 I 线 5021-67 刀闸
二	甲电厂	1	令：甲乙 I 线 5013 开关由检修转冷备用
		2	令：甲乙 I 线 5012 开关由检修转冷备用
		3	令：拉开甲乙 I 线 5013-67 刀闸
二	省集控	1	令：乙站甲乙 I 线 5021 开关由冷备用转热备用
		2	令：乙站甲乙 I 线 5022 开关由冷备用转热备用
三	甲电厂	1	令：甲乙 I 线 5013 开关由冷备用转热备用
		2	令：甲乙 I 线 5012 开关由冷备用转热备用
四	省集控	1	令：乙站甲乙 I 线 5021 开关由热备用转运行
		2	令：乙站甲乙 I 线 5022 开关由热备用转运行

序号	单位	项号	操作内容
六	甲电厂	1	令：甲乙Ⅰ线5013开关由热备用转运行
		2	令：甲乙Ⅰ线5012开关由热备用转运行
备注	（1）××：××，网调（××）：500kV甲乙Ⅰ线送电授权操作开始，甲电厂侧合环。 （2）××：××，汇报网调（××）：500kV甲乙Ⅰ线已送电		

3.2.2　500kV 母线操作

500kV 母线操作见表3-3、表3-4。

表3-3　　　　　　　　　　甲站 **500kV #1** 母线转检修操作

序号	单位	项号	操作内容
一	省集控	1	令：甲站500kV #1母线及#1主变的5011开关、丙甲Ⅱ线5021开关、甲乙Ⅰ线5052开关、甲乙Ⅱ线5061开关由运行转检修
备注	（1）××：××，网调（××）：甲站500kV #1母线停电授权操作开始。 （2）××：××，汇报网调（××）：甲站500kV #1母线已停电		

表3-4　　　　　　　　　　甲电厂 **500kV #2** 母线转运行操作

序号	单位	项号	操作内容
一	甲电厂	1	令：500kV #2母线及甲乙Ⅰ线5013开关、甲乙Ⅱ线5033开关由检修转运行
备注	（1）××：××，网调（××）：甲电厂500kV #2母线送电授权操作开始。 （2）××：××，汇报网调（××）：甲电厂500kV #2母线已送电		

3.2.3　220kV 线路操作

220kV 线路操作见表3-5 ～表3-8。

表3-5　　　　　　　　　　甲乙线通知停电（操作权下放）操作

序号	单位	项号	操作内容
一	××地调	1	通知：220kV甲乙线可以操作停电
二	××地调	1	报：220kV甲乙线停电操作完毕
备注			

表 3-6　　　　　　　　甲乙线通知送电（操作权下放）操作

序号	单位	项号	操作内容
一	××地调	1	通知：220kV甲乙线可以操作送电
二	××地调	1	报：220kV甲乙线送电操作完毕
备注			

表 3-7　　　　　　　　　甲乙Ⅱ线线路停电操作

序号	单位	项号	操作内容
一	省集控	1	令：拉开甲站甲乙Ⅱ线276开关
二	市集控	1	令：拉开乙站甲乙Ⅱ线232开关
三	甲站	1	令：拉开甲站甲乙Ⅱ线276-5-2刀闸
三	乙站	1	令：拉开乙站甲乙Ⅱ线232-5-2刀闸
四	甲站	1	令：在甲站甲乙Ⅱ线276-5刀闸线路侧挂地线一组，在276-5刀闸操作把手上悬挂工作牌
四	乙站	1	令：在乙站甲乙Ⅱ线232-5刀闸线路侧挂地线一组，在232-5刀闸操作把手上悬挂工作牌
五	××地调	1	通知：220kV甲乙Ⅱ线线路已转检修
备注			

表 3-8　　　　　　　　　操作目的：甲乙线线路送电

序号	单位	项号	操作内容
一	乙站	1	令：拆除乙站甲乙线269-5刀闸操作把手上的工作牌及269-5刀闸线路侧地线一组
一	甲升压站	1	令：拆除甲乙线281-5刀闸操作把手上的工作牌及281-5刀闸线路侧地线一组
二	乙站	1	令：合上乙站甲乙线269-1-5刀闸
二	甲升压站	1	令：合上甲乙线281-1-5刀闸
三	省集控	1	令：合上乙站甲乙线269开关
四	甲升压站	1	令：合上甲乙线281开关
备注			

3.2.4　220kV 母线操作

220kV 母线操作见表3-9 ～表3-12。

表 3-9　　　　　　　　　甲站 220kV #1 母线转检修操作

序号	单位	项号	操作内容
一	甲站	1	令：将甲站 220kV #1 母线及其 PT、母联 201 开关由运行转检修
备注			

表 3-10　　　　　　　操作目的：甲站 220kV #1 母线转运行

序号	单位	项号	操作内容
一	甲站	1	令：将甲站 220kV #1 母线及母联 201 开关由检修转运行
备注			

表 3-11　　　　　　　　　操作目的：甲站倒方式

序号	单位	项号	操作内容
一	甲站	1	令：将甲站甲乙线 262 开关倒至 220kV #2 母线运行
备注			

表 3-12　　　　　　　　　操作目的：甲站倒方式

序号	单位	项号	操作内容
一	甲站	1	令：将甲站 220kV 母线方式倒为正常方式
备注			

3.2.5　变压器操作

变压器操作见表 3-13、表 3-14。

表 3-13　　　　　　　甲厂 #14 主变压器转运行操作

序号	单位	项号	操作内容
一	甲厂	1	令：将 #14 主变及其 123 开关由检修转运行
备注			

表 3-14　　　　　　　甲站 #1 主变压器转检修操作

序号	单位	项号	操作内容
一	甲站	1	令：将甲站 #1 主变及其 5001、211、311 开关由运行转检修
备注			

3.2.6　保护操作

保护操作见表 3-15、表 3-16。

表3-15 甲站退母线差动保护操作

序号	单位	项号	操作内容
一	甲站	1	令：退出甲站220kV母线的PCS-915型保护
备注			

表3-16 甲乙线退纵联保护操作

序号	单位	项号	操作内容
一	甲站	1	令：退出甲站甲乙线258、259开关的753型保护及其纵联功能
一	乙站	1	令：退出乙站甲乙线261开关的753型保护及其纵联功能
备注			

3.2.7 220kV变电站全停操作

220kV变电站全停操作见表3-17～表3-21。

表3-17 220kV甲站全停操作：拉开关操作

序号	单位	项号	操作内容
一	市集控	1	令：拉开甲站丙甲Ⅰ线243开关
		2	令：拉开甲站丙甲Ⅱ线244开关
		3	令：拉开甲站乙甲Ⅰ线245开关
		4	令：拉开甲站乙甲Ⅱ线246开关
二	市集控	1	令：拉开丙站丙甲Ⅰ线237开关
		2	令：拉开丙站丙甲Ⅱ线238开关
三	省集控	1	令：拉开乙站乙甲Ⅰ线269开关
		2	令：拉开乙站乙甲Ⅱ线270开关
备注			

表3-18 甲站全停操作：拉刀闸操作

序号	单位	项号	操作内容
一	甲站	1	令：拉开甲站丙甲Ⅰ线243-5-1刀闸
		2	令：拉开甲站丙甲Ⅱ线244-5-2刀闸
		3	令：拉开甲站乙甲Ⅰ线245-5-1刀闸
		4	令：拉开甲站乙甲Ⅱ线246-5-2刀闸

续表

序号	单位	项号	操作内容
一	丙站	1	令：拉开丙站丙甲Ⅰ线237-5-1刀闸
		2	令：拉开丙站丙甲Ⅱ线238-5-2刀闸
一	乙站	1	令：拉开乙站乙甲Ⅰ线269-5-1刀闸
		2	令：拉开乙站乙甲Ⅱ线270-5-2刀闸
备注			

表3-19　　　　　　　　甲站全停操作：拉母联开关、刀闸操作

序号	单位	项号	操作内容
一	甲站	1	令：拉开甲站母联201开关及201-1-2刀闸
备注			

表3-20　　　　　　　　甲站全停操作：220kV 母线转检修操作

序号	单位	项号	操作内容
一	甲站	1	令：将甲站220kV #1母线及其PT、母联201开关由冷备用转检修
		2	令：将甲站220kV #2母线及其TV由冷备用转检修
备注			

表3-21　　　　　　　　甲站全停操作：挂地线操作

序号	单位	项号	操作内容
一	甲站	1	令：在甲站丙甲Ⅰ线243-5刀闸线路侧挂地线一组，在243-5刀闸操作把手上悬挂工作牌
		2	令：在甲站丙甲Ⅱ线244-5刀闸线路侧挂地线一组，在244-5刀闸操作把手上悬挂工作牌
		3	令：在甲站乙甲Ⅰ线245-5刀闸线路侧挂地线一组，在245-5刀闸操作把手上悬挂工作牌
		4	令：在甲站乙甲Ⅱ线246-5刀闸线路侧挂地线一组，在246-5刀闸操作把手上悬挂工作牌
一	丙站	1	令：在丙站丙甲Ⅰ线237-5刀闸线路侧挂地线一组，在237-5刀闸操作把手上悬挂工作牌
		2	令：在丙站丙甲Ⅱ线238-5刀闸线路侧挂地线一组，在238-5刀闸操作把手上悬挂工作牌
一	乙站	1	令：在乙站乙甲Ⅰ线269-5刀闸线路侧挂地线一组，在269-5刀闸操作把手上悬挂工作牌
		2	令：在乙站乙甲Ⅱ线270-5刀闸线路侧挂地线一组，在270-5刀闸操作把手上悬挂工作牌
备注			

3.2.8 单一开关操作

单一开关操作见表3-22、表3-23。

表 3-22　　　　　　　　　单一开关操作：**220kV 开关转检修**

序号	单位	项号	操作内容
一	甲站	1	令：将甲站甲乙Ⅱ线254开关由运行转检修
备注			

表 3-23　　　　　　　　　单一开关操作：**500kV 开关转检修**

序号	单位	项号	操作内容
一	省集控	1	令：甲站甲乙Ⅱ线5041开关由运行转检修
备注	（1）××:××，网调（××）：甲站甲乙Ⅱ线5041开关停电授权操作开始。 （2）××:××，汇报网调（××）：甲站甲乙Ⅱ线5041开关已转检修		

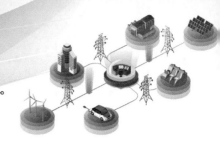

4 电网故障及异常处置

4.1 电网故障及异常处置规定

4.1.1 电网故障处置原则

（1）迅速限制故障发展，消除故障根源，解除对人身、电网和设备安全的威胁。

（2）调整并恢复正常电网运行方式，电网解列后要尽快恢复并列运行。

（3）尽可能保持正常设备的运行和对重要用户及厂用电、站用电的正常供电。

（4）尽快恢复对已停电的用户和设备供电。

4.1.2 电网故障协同处置

（1）调控机构负责处置直调范围电网故障，故障处置期间下级调控机构应服从上级调控机构统一指挥。

（2）直调范围内电网发生故障，调控机构应按要求立即进行故障处置；若影响其他电网运行时，应及时通报相关调控机构，需上级或同级调控机构配合时，应由上级调控机构协调处理。

（3）跨区、跨省重要送电通道故障后，国调、分中心指挥相关省调通过调整机组出力、控制联络线功率等措施，将相关断面潮流控制在稳定限额之内，必要时采取控制受端电网负荷等措施，控制电网频率、电压满足相关要求。

（4）国调、分中心、省调应建立电网运行信息共享机制，及时通报故障告警信息及处置措施，提高故障处置协同水平。

4.1.3 恶劣天气故障处置

恶劣天气条件下，如同一或相邻500kV供电区1h内接连发生2条以上220kV及以上线路跳闸，以及线路跳闸造成变电站全停或单电源供电时，按以下原则快速处置：

（1）500kV线路故障按国调华北分中心指令处理。

（2）220kV线路故障按以下原则处理：

1）同一或相邻500kV供电区1h内接连发生3条220kV线路故障掉闸且不造成变电站单电源供电时，线路试送前需经集控中心值班员初步判断，具备试送条件后试送一次。

2）同一或相邻500kV供电区1h内接连发生4条及以上220kV线路故障掉闸或线路掉闸造成变电站单电源供电时，可不待集控中心值班员报告检查结果，先行试送一次。

3）线路掉闸造成变电站全停时，在相关地调拉开主变压器高压侧开关后，可不待集控中心值班员报告检查结果，直接带母线对线路试送一次。

4）电缆架空混合线路掉闸，基于恶劣天气下故障点多位于架空线路区段的初步判断，可按相应的架空线路故障处置原则试送一次。

5）发电厂和未纳入集中监控的变电站因天气原因无法现场检查设备时，在确认线路保护正确动作，且无母线差动保护、开关失灵保护等保护动作后，可对线路试送电一次。

4.1.4　特殊方式故障处置

1. 重合闸退出的含电缆线路故障处置

（1）全电缆线路故障跳闸后，未经检查不得试送。

（2）含电缆线路试送前需核实电缆巡线人员已安全撤离。

（3）电缆架空混合线路故障跳闸后，按以下原则试送：

1）单条线路故障且未造成变电站（发电厂）全停、单电源供电及电网$N-1$超限时，如电缆段检查巡视无异常或架空段发现故障点且已消除时，可对线路试送电一次。

2）正常天气条件下，如含电缆线路故障造成变电站（发电厂）全停、单电源供电或电网$N-1$超限时，若根据线路两端故障录波器测距或其他故障指示装置判断故障点不在电缆段时，可不等故障巡视人员报告即对故障线路试送电一次。

3）恶劣天气条件下，如含电缆线路故障造成变电站（发电厂）全停、单电源供电、电网$N-1$超限或多回线路短时内相继故障时，为快速恢复电网结构，避免大面积停电事故发生，基于恶劣天气造成的故障多位于架空区段的初步判断，可不待检查故障测距即对线路试送电一次。

2. "三跨"线路故障处置

（1）"三跨"线路故障停运后，值班调度员应初步分析综合智能告警、故障录波等相关信息，判断故障形态及故障点大致位置；相应地调、县调同时通知市公司输电运检室（运检分部）（国网河北检修公司输电运检中心）带电查线；通知运维检修室到站检查，并做好线路紧急转检修操作准备。

（2）"三跨"线路故障停运后，地调、县调集控中心值班员立即收集相关信息，对线路故障情况进行初步分析判断并报告上级值班调度员，汇报内容应包括现场天气情况、一二次设备动作情况以及线路是否具备远方试送条件。

（3）地调、县调值班调度员应综合故障测距及"三跨"线路明细台账中交跨杆段分布，估算故障位置是否位于"三跨"区段，并报告上级值班调度员。对于跨铁路的线路故障，地调、县调值班调度员还应及时与电铁调度确认是否影响铁路运行。

（4）省调值班员应先行处置，同时将线路故障情况汇报值班处长，并发布故障处置短信。

（5）省调值班员应根据线路故障信息和电网运行情况进行综合分析，确定是否对故障停运线路进行远方试送。

以下情况应根据《调度控制管理规程》等规程规定尽快试送电：

1）"三跨"线路故障停运后，造成运行设备过载。

2）形成220kV变电站单线路供电等薄弱方式。

3）当时故障地区有恶劣天气。

4）其他需要尽快试送电的情况。

（6）若故障"三跨"线路需转检修，值班调度员可不填写操作指令票，尽快下达即时指令将线路转检修。为缩短操作时间，应尽量减少刀闸操作，线路与站内运行设备确保有一处刀闸明显断开点，即可进行线路侧挂地线工作。例如，双母线接线有线路刀闸的变电站，母线刀闸可不拉开，只需拉开线路侧刀闸，即可在刀闸线路侧挂地线。

（7）运维人员到站后，应立即向调度管理该线路的调度机构值班调度员汇报检查情况，并按上述操作模式做好线路紧急转检修操作准备。

4.2 典型故障及异常处置原则

4.2.1 母线故障处置原则

（1）母线发生故障或失压后，集控中心值班员、厂站运行值班人员及输变电设备运维人员应立即报告值班调度员，同时将故障或失压母线上的断路器全部断开。

（2）母线故障停电后，厂站运行值班人员及输变电设备运维人员应立即对停电母线进行外部检查，并将检查情况汇报值班调度员，调度员应按下述原则进行处置：

1）找到故障点并能迅速隔离的，在隔离故障后对停电母线恢复送电。

2）找到故障点但不能隔离的，将该母线转为检修。

3）经检查不能找到故障点，一般不得对停电母线试送。

4）对停电母线进行试送时，应优先采用外来电源。试送开关必须完好，并有完备的继电保护。有条件者可对故障母线进行零起升压。

4.2.2　变压器及高压电抗器故障处置原则

（1）变压器、高压电抗器的重瓦斯保护或差动保护之一动作跳闸，一般不进行试送。经检查确认内、外部无故障者，可试送一次，有条件时应进行零起升压。

（2）变压器、高压电抗器后备保护动作跳闸，确定本体及引线无故障后，可试送一次。

（3）中性点接地的变压器故障跳闸后，值班调度员应按规定调整其他运行变压器的中性点接地方式。

4.2.3　线路故障处置原则

（1）线路故障跳闸后，集控中心值班员、厂站运行值班人员及输变电设备运维人员应立即收集故障相关信息并汇报值班调度员，由值班调度员综合考虑跳闸线路的有关设备信息并确定是否试送。若有明显的故障现象或特征，应查明原因后再考虑是否试送。

（2）试送前，值班调度员应与集控中心值班员、厂站运行值班人员及输变电设备运维人员确认具备试送条件。具备远方试送操作条件的，应进行远方试送。

（3）线路试送前应考虑：

1）正确选择试送端，使电网稳定不致遭到破坏。试送前，要检查重要线路的输送功率在规定限额内，必要时应降低有关线路的输送功率或采取提高电网稳定的措施。

2）对试送端电压进行控制，对试送后首端、末端及沿线电压做好估算，避免引起过电压。

3）线路试送开关必须完好，且具有完备的继电保护。

（4）线路故障跳闸后，一般允许试送一次。如试送不成功，再次试送线路应依据相关规定处理。电缆线路故障，未查明原因前不得试送。

（5）线路故障跳闸后，若开关的故障切除次数已达到规定次数，厂站运行值班人员或输变电设备运维人员应根据规定向相关调控机构提出运行建议。

（6）线路保护和高压电抗器保护同时动作跳闸时，应按线路和高压电抗器同时故障考虑，在未查明高压电抗器保护动作原因和消除故障之前不得进行试送。线路允许不带高压电抗器运行时，如需对故障线路送电，在试送前应将高压电抗器退出。

（7）有带电作业的线路故障跳闸后，试送电的规定如下：

1）值班调度员应与相关单位确认线路具备试送条件，方可按上述有关规定进行试送。

2）带电作业的线路跳闸后，现场人员应视设备仍然带电并尽快联系值班调度员，值班调度员未与工作负责人取得联系前不得试送线路。

（8）线路故障跳闸后，值班调度员下达巡线指令时，应明确是否为带电巡线。

（9）集控中心值班员应在确认满足以下条件后，及时向调度员汇报站内设备具备线路远方试送操作条件：

1）线路主保护正确动作、信息清晰完整，且无母线差动保护、开关失灵保护等保护动作。

2）对于带高压电抗器、串联补偿装置运行的线路，高压电抗器、串联补偿装置保护未动作，且没有未复归的反映高压电抗器、串联补偿装置故障的告警信息。

3）具备工业视频条件的，通过工业视频未发现故障线路间隔设备有明显漏油、冒烟、放电等现象。

4）没有未复归的影响故障线路间隔一、二次设备正常运行的异常告警信息。

5）集中监控功能（系统）不存在影响故障线路间隔远方操作的缺陷或异常信息。

（10）当遇到下列情况时，调度员不允许对线路进行远方试送：

1）集控中心值班员汇报站内设备不具备远方试送操作条件。

2）输变电设备运维人员已汇报由于严重自然灾害、外力破坏等导致出现断线、倒塔、异物搭接等明显故障点，线路不具备恢复送电条件。

3）故障可能发生在电缆段范围内。

4）故障可能发生在站内。

5）线路有带电作业且未经相关工作人员确认具备送电条件。

6）相关规程规定明确要求不得试送的情况。

4.2.4 开关故障处置

（1）开关操作时或运行中发生非全相运行，集控中心值班员、厂站运行值班人员及输变电设备运维人员应立即拉开该开关，并立即汇报值班调度员。

（2）开关因本体或操动机构异常出现"合闸闭锁"尚未出现"分闸闭锁"时，值班调度员可视情况下令拉开此开关。

（3）开关因本体或操动机构异常出现"分闸闭锁"时，值班调度员应尽快将闭锁开关从运行系统中隔离。

4.2.5 二次设备异常处置

（1）继电保护和安全自动装置的异常（或缺陷），应在装置退出运行后及时处理。

（2）保护通道发生故障导致保护功能失去无法恢复正常时，应退出该套保护，待通道恢复正常后投入。

（3）线路纵联保护一侧装置异常退出时，对侧对应的线路保护装置应退出。

（4）按开关配置的开关失灵保护异常退出运行时，该开关应停运。

（5）查找厂、站直流系统接地异常，需拉、合保护直流电源时，应将本站该路直流电源所涉及的所有保护退出运行。

（6）AVC异常，不能正常控制变电站无功电压设备时，集控中心值班员、厂站运行值班人员及输变电设备运维人员应汇报相关调控机构，退出相关变电站AVC控制装置，并通知运维单位进行处理。退出AVC控制期间，集控中心值班员、厂站运行值班人员及输变电设备运维人员应按照电压曲线及控制范围调整母线电压。

（7）AGC机组发生异常或AGC功能不能正常运行时，电厂值班人员可停用AGC设备，将机组切至"就地控制"，并汇报调度。异常处理完毕后，应立即向调度汇报并由调度下令恢复AGC运行。

4.2.6 调度自动化系统主要功能失效处置

（1）通知所有直调电厂AGC改为就地控制方式，保持机组出力不变。

（2）通知所有直调厂站加强监视设备状态及线路潮流，发生异常情况及时汇报。

（3）通知相关调控机构自动化系统异常情况，各调控机构应按计划严格控制联络线潮流在稳定限额内。

（4）调度自动化系统全停期间，除电网异常故障处理外原则上不进行电网操作、设备试验。

（5）根据相关规定要求，必要时启用备调。

4.2.7　直流接地处置

（1）厂站报告直流接地后，若现场二次有工作，立即停止工作，了解现场情况（接地极性、对地电压、天气情况等），分析原因。

（2）做好直流接地厂站保护误动（正极接地）或拒动（负极接地）的事故预想和各种故障下的仿真计算。

（3）厂站直流接地排查的一般原则：

1）处理故障过程中严禁二次回路有人工作，查找和处理必须由两人及以上同时进行，处理时不得造成直流短路和另一点接地。处理过程中应做好具体的安全措施，避免造成保护误动作。

2）故障判断先微机后人工、先室外后室内、先次要后主要、先信号再控制，即在处理故障时先检查由直流系统绝缘监测装置查询到的故障支路。如果没有绝缘监测装置或发现绝缘监测装置提供的判断有误，再进行人工查找。

3）故障点查找的范围一般先考虑室外，室外排除了再查室内。在回路方面先检查对安全影响较小的信号回路，然后再检查控制回路；采用拉回路的方法时，要先拉次要的负荷回路，再拉重要回路，先拉有双电源或备用电源的回路，后拉单电源或无备用电源的回路，每路时间不超3s。如有重要负荷无法停电，则必须使用临时电源，先转移负荷，且要考虑到备用临时直流电源的容量。

4）如仍无法排查到接地点，联系专业班组到站处理。

4.2.8　变电站站用电及速动保护故障处置

1. 220kV变电站站用电源故障

（1）站用交流单电源。变电站站内检修工作造成站用交流单电源运行，相关地调应在检修申请中注明，并提供备用电源。现场应在检修工作开工前检查站用直流系统运行正常。

变电站站内设备故障，造成站用交流电源自动投入至站外电源，相关地调应立即汇报省调调度员，落实保障站外电源运行的安全措施，并组织专业人员尽快到站检查处理。

变电站站内设备故障，造成站用交流单电源运行，相关地调应立即汇报省调调度员，并落实备用交流电源。期间，变电站应恢复有人值守，加强对交、直流电源检查巡视，并及时汇报站用交流电源运行情况、直流电源可持续时间。

（2）站用交流电源全停。变电站站用交流电源故障全停时，相关地调应立即汇报省调调度员，检查站外电源自动投入情况，做好直流电源全停的事故预案。同时，组织专业人员及发电车到站，加强对交流、直流电源检查巡视，并及时汇报站用交流电源运行情况、直流电源可持续时间。

若交流电源预计2h内无法恢复，将负荷全部倒出；期间如直流电源耗尽，将变电站对侧220kV线路开关全部拉开。

（3）站用直流单电源。变电站站用直流单电源故障，其所带保护、控制系统停运。相应地调应立即汇报省调调度员，做好直流电源全停的事故预案。同时，组织专业人员迅速到站检查处理。

相关专业人员到站后应迅速查找故障点，并尽快恢复相关保护及控制电源。直流单电源期间，变电站应恢复有人值守。

（4）站用直流电源全停。变电站站用直流电源全停，相应地调应立即汇报省调调度员并组织专业人员迅速到站检查处理。省调立即开展安全校核，确认变电站全停后无基态越限，将变电站对侧线路开关全部拉开。

2. 220kV设备速动保护全停

（1）线路速动保护全停。

1）环网运行的单条220kV线路速动保护停运。环网运行的220kV线路速动保护停运，经安全校核，确认设备无基态越限，将线路紧急停运。

2）发电机-变压器-线路单元接线方式220kV线路速动保护全部停运。通知电厂紧急停机，机组停运后停运线路。

3）220kV单电源线路速动保护停运。校核由后备保护切除故障系统能否保持稳定，如不满足稳定要求，停运线路。

4）同一站所有220kV线路速动保护同时停运。考虑网架结构和短路电流水平，如满足系统稳定要求，将该站调整为两个单电源末端站方式运行（220kV侧转为一条线路带一条母线运行方式，同时中低压侧运行方式进行相应调整）。

（2）主变压器保护全停。视情况调整负荷后，将相应主变压器停运。

（3）母线差动保护全停。

1）3/2接线单母线的母线差动保护全停。安全校核无问题，倒出母线所供负荷后，将母线转热备用。

2）双母线接线方式母线差动保护全停。如不存在稳定问题，通知专业人员尽快到站处理。如稳定存在问题，按照方式计算结果调整电网运行方式。

4.3 故障录波系统

故障录波系统是一种基于故障录波信息的调度端电网故障诊断系统。广泛用于电力系统，可在系统发生故障时，自动地、准确地记录故障前、后过程的各种电气量的变化情况，通过对这些电气量的分析、比较可以判断出故障相别、故障类型及保护和开关的动作情况，故障测距等信息。对调度员分析处理事故、判断保护是否正确动作和提高快速处理电力系统事故能力、提高电力系统安全运行水平有着重要作用。

4.3.1 故障录波系统使用流程

故障录波系统部署在调度一区，点击桌面客户端快捷方式，即可登录录波主站远程调阅各厂站录波器数据，并可利用曲线分析工具对采集波形进行详细分析，获取故障相关信息。故障录波系统使用流程如图4-1所示，故障录波系统登录界面如图4-2所示。

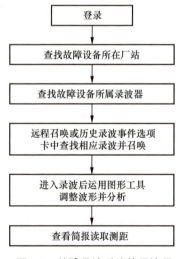

图 4-1 故障录波系统使用流程

图 4-2 故障录波系统登录界面

4.3.2 故障录波系统登录界面主界面各功能区介绍

电力系统发生故障后，相应调管范围内的值班调度员可第一时间通过故障录波系统相关设备上送的录波信息，较为准确地判断故障的类型、相别、测距等信息。故障录波系统对于快速查找故障点，恢复设备送电有很大帮助，各级调度需要熟练掌握和使用。主界面各功能区界面如图4-3～图4-5所示。

如图4-3所示，电网发生故障后，首先在"厂站查找区"按地区索引故障相关厂站点击进入，然后在"各设备所属录波器查找区"找到故障设备对应的录波器，点击即可显示对应录波文件列表。

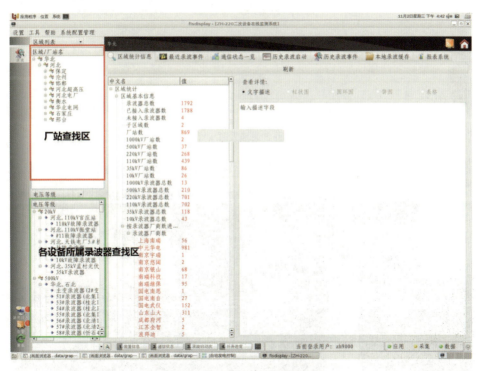

图 4-3 地区、录波器选择界面

如图4-4所示，在"录波文件查找区"可按时间索引历史录波文件，或通过"手动启动录波+远程召唤"的方式得到当前时刻设备录波情况，打开相应文件即可通过波形分析工具查阅各电气量波形数据。

如图4-5所示，波形分析工具应用可在"设备选择区"进一步筛选所需设备，利用波形调整工具将波形显示的时间和幅值调至合适比例，以便进行专业分析，判断出故障相别、故障类型及保护和开关的动作等各项信息。

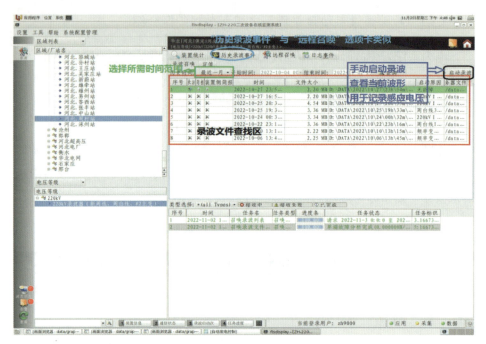

图 4-4　历史录波及手动召唤界面

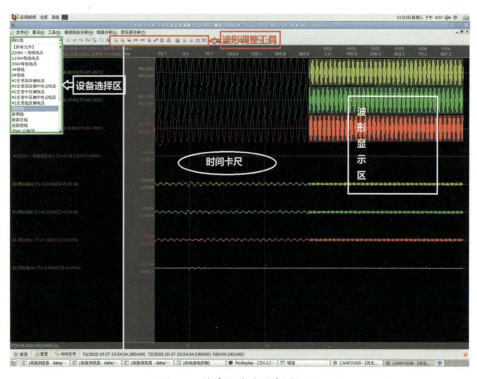

图 4-5　故障录波波形查看界面

4.4 电网典型故障录波特征

4.4.1 故障录波关键信息

故障录波器可在电网发生故障时，自动记录故障前后电压/电流波形及保护动作、开关变位等信息。通过对各种关键信息分析，可初步判断故障性质，提高故障处置效率。故障录波器中关键信息包括时间信息、三相电压/电流波形、零序电压电流波形、断路器位置信息、保护与重合闸动作信息等。故障录波关键信息如图4-6所示。

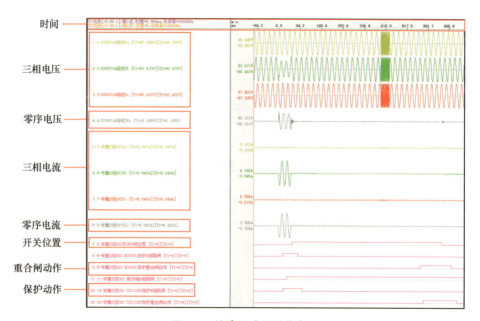

图 4-6　故障录波关键信息

4.4.2 典型故障录波分析

1. 线路单相瞬时接地故障

故障特征：单相电流突增、单相电压下降、有零序电流、重合成功（重合闸投入线路）。线路单相瞬时接地故障录波如图4-7所示。

2. 线路单相永久接地故障

故障特征：单相电流突增、单相电压下降、有零序电流、开关重合、单相电流突增、单相电压下降、重合失败三相跳闸。线路单相永久接地故障录波如图4-8所示。

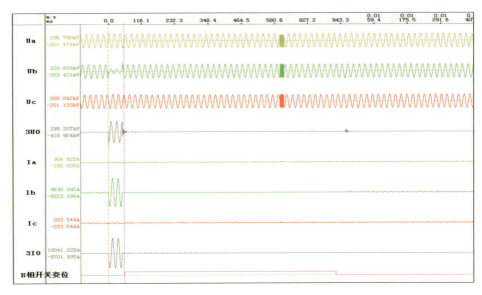

图 4-7　线路单相瞬时接地故障录波

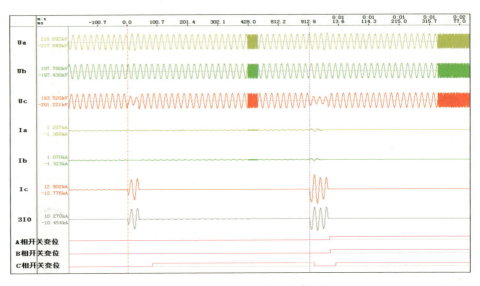

图 4-8　线路单相永久接地故障录波

3. 线路相间不接地故障

故障特征：两相电流突增、两相电压下降、无零序电流、三相跳闸。线路相间不接地故障录波如图4-9所示。

4. 线路相间接地故障

故障特征：两相电流突增、两相电压下降、有零序电流/电压、三相跳闸。线路相间接地故障录波如图4-10所示。

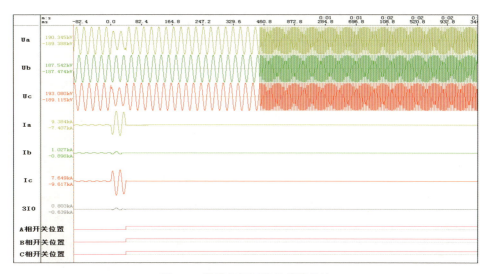

图 4-9　线路相间不接地故障录波

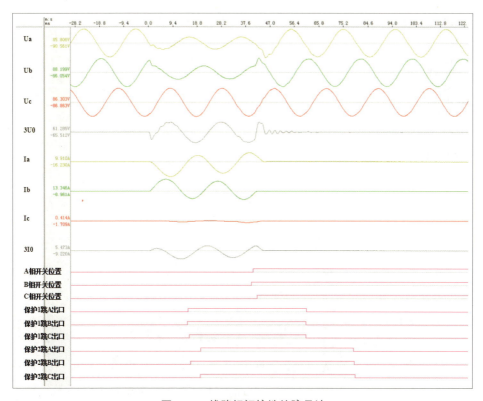

图 4-10　线路相间接地故障录波

5. 线路三相接地故障

故障特征：三相电流突增、三相电压下降、无零序电流、三相跳闸。线路三相接地故障录波如图4-11所示。

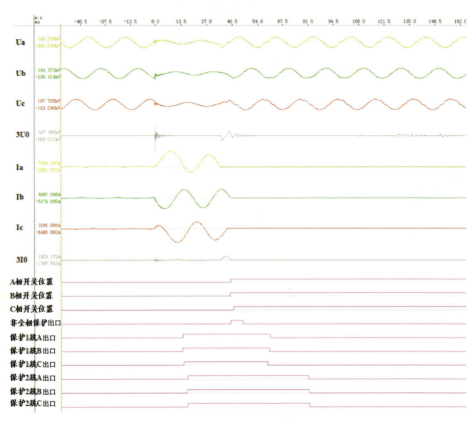

图 4-11　线路三相接地故障录波

6. 线路连续故障（首次重合成功）

故障特征：第一次单相接地，重合成功；第二次单相再次接地，重合闸未充满电，三相跳闸不重合。线路连续故障（首次重合成功）故障录波如图4-12所示。

7. 线路连续故障（首次重合闸时间未到）

故障特征：第一次某相接地，单相跳闸；第二次某相再次接地（未到断路器重合时间），三相跳闸不重合。线路连续故障（首次重合闸时间未到）故障录波如图4-13所示。

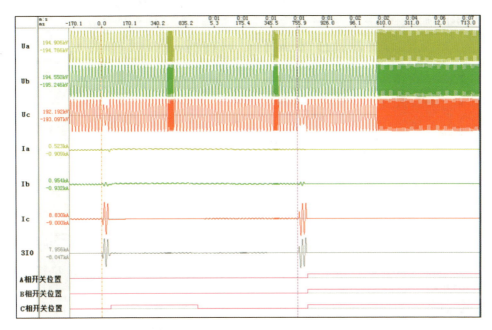

图 **4-12** 线路连续故障（首次重合成功）故障录波

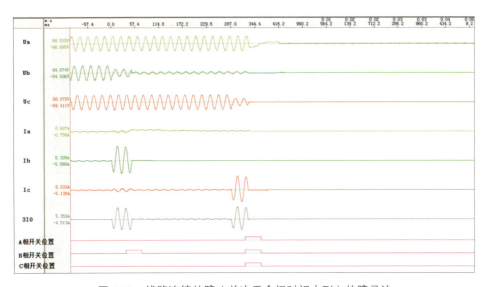

图 **4-13** 线路连续故障（首次重合闸时间未到）故障录波

8. 线路断线故障

故障特征：若线路开断点一侧接地、一侧未接地，则某相一侧有故障电流，另一侧无故障电流；未接地侧某瞬间非故障相可能出现电流波动。线路断线故障录波（接地侧）、线路断线故障录波（未接地侧）分别如图4-14、

图 4-15 所示。

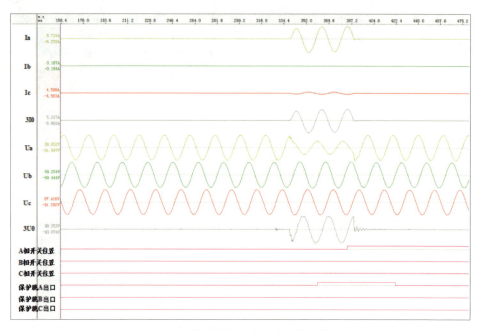

图 **4-14** 线路断线故障录波（接地侧）

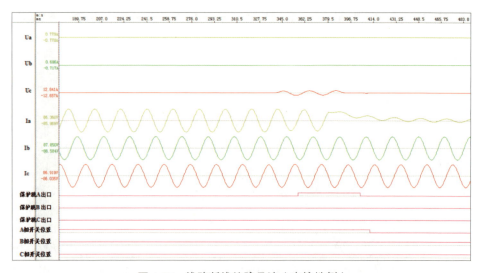

图 **4-15** 线路断线故障录波（未接地侧）

4.5　电网典型故障处置实例

4.5.1　线路异常及故障处置示例

1. 掉闸造成单电源供电

掉闸造成单电源供电示意图如图4-16所示。

（1）故障现象。甲乙一线掉闸，重合不成功。

（2）风险分析。220kV乙丙双线正常方式下充电备用，甲乙一线掉闸后，乙站由甲乙二线单电源供电。

（3）处置思路。

1）甲站、乙站到人检查一、二次设备及保护动作情况，对甲乙二线间隔设备加强巡视，确保安全运行。地调落实乙站单电源供电安措，做好乙站全停的事故预想。

2）线路具备试送条件后，对甲乙一线试送电，并恢复线路运行。

3）若不具备试送条件或试送不成功，根据安全校核结果，乙丙双线检同期合环，或调整电网方式满足乙丙双线合环条件后，乙丙双线检同期合环，解除乙站单电源供电风险。

2. 掉闸造成厂站独立小区运行或全停

掉闸造成厂站独立小区运行或全停示意图如图4-17所示。

图 4-16　掉闸造成单电源供电示意图　　图 4-17　掉闸造成厂站独立小区运行或全停示意图

（1）故障描述。丁戊双线掉闸，重合不成功。

（2）风险分析。甲乙双线停电检修，丁戊双线掉闸后，甲厂、乙厂及庚站（风电汇集站）带220kV乙、丙、丁、己站独立小区运行或全停。

（3）独立小区运行处置思路。

1）甲/乙厂作为调频厂（期间乙/甲厂出力保持稳定），负责独立小区频率、电压调整，地调协助开展调整，并落实乙、丙、丁、己站全停事故预想，将区域内负荷尽量倒出。

2）丁、戊站到人检查一、二次设备及保护动作情况，地调做好带电查线工作。

3）具备试送条件后，由戊站侧对220kV丁戊双线试送电，并恢复线路运行。

4）若线路不具备试送条件或试送不成功，与地调核实甲乙双线是否具备工作中止恢复送电条件。若具备恢复条件，履行竣工手续后尽快恢复甲乙双线运行。

（4）全停处置思路。

1）地调做好负荷倒供及带电查线工作、落实保站用电措施；丁、戊站到人检查一、二次设备及保护动作情况；全停厂站按规定自行拉开主变压器高压侧开关。

2）全停电厂及新能源场站确保机组/风机安全停机，落实保厂用电措施，拉开主变压器及启动备用变压器高压侧开关。在接到省调通知前，严禁机组/风机擅自并网。

3）按规定向国调及华北分中心进行重大事件汇报。

4）具备试送条件后，对220kV丁戊双线试送电。试送成功后，尽快送出停运各站220kV母线，并通知地调结合实际方式尽快恢复失电各站主变压器及以下电网正常方式。

5）全停电厂及新能源场站恢复主变压器、启动备用变压器送电，机组/风机启动并网。

6）若线路不具备试送条件或试送不成功，与地调核实甲乙双线是否具备工作中止恢复送电条件。若具备恢复条件，履行竣工手续后尽快恢复甲乙双线运行。

3. 线路故障处置经验总结

（1）线路掉闸后，应立刻开展在线安全校核，分析故障后电网的网架结构、供应能力、负荷损失等风险，并通知相关单位落实安措、倒出负荷、到站检查等工作。

（2）结合保护动作、故障录波、厂站汇报等信息，依据各种线路故障试送规定、相关故障处置预案等规程、规定，对故障线路进行试送电。

（3）若可通过备用设备合环消除电网风险，需注意校核电网方式适应性，避免发生设备过负荷、断面超稳定限额、短路电流越限等问题。

（4）根据故障范围、影响程度等情况判定是否构成电网等级事件，按规定向国调、华北分中心进行重大事件汇报。

4.5.2 开关异常及故障处置示例

1. 分闸闭锁

开关分闸闭锁异常示意图如图4-18所示，其中异常出现在甲站。

（1）异常描述。甲站甲乙线284开关SF_6压力低闭锁。

（2）风险分析。乙己线停电检修，甲站甲乙线284开关闭锁，若甲乙线故障会导致甲站220kV #2B母线掉闸、乙站由220kV乙丁线单电源供电。

（3）处置思路。

1）地调落实乙站单电源供电的安措，将乙站负荷尽量倒出，通知重要用户做好停电自保措施；加强对甲乙、乙丁线线路巡视，确保

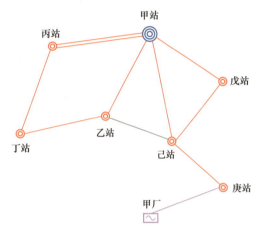

图 4-18 开关分闸闭锁异常示意图

安全运行。甲站运维人员及专业班组尽快到站检查，运维人员到站后按现场规程采取措施将284开关可靠闭锁，加强甲乙线间隔运维巡视，确保安全运行。甲、丁站到人加强甲乙线、乙丁线间隔运维巡视，确保安全运行。

2）若甲站284开关有放电风险，校核无问题后，将甲站220kV #2B母线各间隔冷倒至#1B母线运行；若甲站284开关无放电风险，校核无问题后，将甲站220kV #2B母线各间隔热倒至#1B母线运行。之后采用串带拉开的方式将甲站284开关隔离，隔离后，甲站220kV #2B母线转运行。

2. 开关非全相死开关

开关非全相死关开关示意图如图4-19所示。

（1）异常描述。丙甲线275开关非全相死开关。

（2）处置思路。

1）在丙甲线停电拉开甲站丙甲线275开关时，开关A相未分开，非全相保护动作，A相仍未分开，275开关报两组控制回路断线信号。

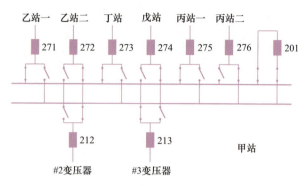

图 4-19　开关非全相死开关示意图

2）省调下令拉开丙站丙甲线开关，缓解三相不一致对系统的危害。

3）甲站275开关已处于非全相死开关状态，需尽快采取母联开关串带275开关的方式将275开关隔离。热倒母线前，地调落实甲站单母线运行的安全措施，做好甲站全停的事故预想。

4）将甲站213、271、273开关倒至220kV #2母线运行后，拉开母联201开关及275开关两侧刀闸，将275开关隔离。

5）恢复甲站220kV母线运行方式。

4.5.3　主变压器异常及故障处置示例

1. 主变压器掉闸

主变压器掉闸故障电网结构示意图及站内接线图如图4-20、图4-21所示。

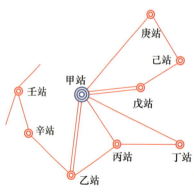

图 4-20　主变压器掉闸故障电网结构
　　　　　示意图

（1）故障描述。500kV甲站#1主变压器掉闸，主变压器差动保护及重瓦斯保护动作。

（2）风险分析。因短路电流超标，甲站220kV母线分裂运行，分段203、204开关热备用。#1、#2主变压器中压侧上220kV A 段母线，#3主变压器中压侧上220kV B 段母线。

（3）处置思路。

1）甲站#1主变压器掉闸，#1变压器的5001、211、311开关在分位，主变压器差动保护及重瓦斯保护动作。令甲站立刻到人检查一、二次设备及保护动作情况，并对运行主变压器加强监视。

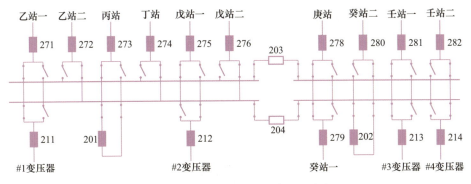

图 4-21 主变压器掉闸故障站内接线

2）经校核无问题后，拉开甲站母联202开关，检同期合上甲站分段203开关。

3）汇报网调故障情况。

4）通知B地调将220kV乙、丙、丁、戊、辛等站负荷尽量倒出供电，同时做好在上述变电站紧急事故拉路准备。

5）甲站报：#1主变压器中压侧套管漏油，需转检修处理。要求其对运行主变压器的一、二次设备加强巡视，做好运行维护。

2. 经验总结

（1）主变压器掉闸后，需重点关注运行主变压器负载情况（参照主变压器过负荷时限表）。若运行主变压器存在过载情况，应采取措施尽快消除过载。

（2）500kV主变压器掉闸后，存在运行主变压器或设备过载问题时，应根据预案规定尽快通过调整电网方式、升降机组出力、限制用电负荷等手段缓解主变压器过载问题。

（3）220kV主变压器掉闸后，需与地调尽快核实负荷损失情况、站用电情况、运行主变压器负载情况，做好站用电全停的事故预想。

4.5.4 母线异常及故障处置示例

1. 500kV母线掉闸

500kV母线掉闸电网结构示意图及站内接线图如图4-22、图4-23所示。

（1）故障描述。甲站500kV #1母线掉闸。

（2）风险分析。甲站500kV #2母线检修、500kV未甲双线检修。220kV戊己双线、甲庚双线正常方式下充电备用。甲站500kV #1母线掉闸，造成甲站丙甲双线由丙站侧空载充电运行，500kV乙甲一线串带甲站500kV #2主变压器、500kV乙甲二线串带甲站#1主变压器运行。500kV同塔架设的乙甲双线及220kV壬辛线、子辛线带甲站供电区运行，方式较为薄弱。

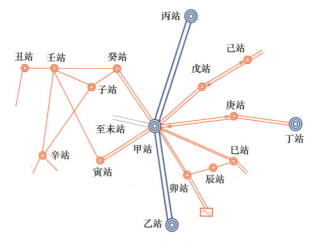

图4-22　500kV母线掉闸电网结构示意图

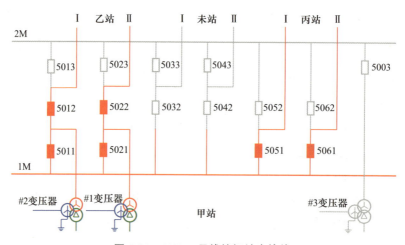

图4-23　500kV母线掉闸站内接线

（3）处置思路。

1）甲站#1主变压器的5011开关、#2主变压器的5021开关掉闸。省调令甲站迅速检查一、二次设备及保护动作情况。

2）省调向华北分中心报：甲站#1主变压器的5011开关、#2主变压器的5021开关掉闸，具体原因待查。

3）华北分中心通知：甲站500kV #1母线掉闸，具体原因待查。

4）省调计算甲站500kV母线全停后无 $N-1$ 越限。

5）通知甲站、省检修公司，加强甲站运行主变压器及乙甲双线运行监视，做好线路掉闸导致主变压器失电的事故预想；通知B地调加强220kV壬辛线、子辛线运行监视，确保线路安全运行。

6）校核无问题后，戊己双线转运行，增强电网结构。

7）由于甲站500kV #1母线无法短时送电，询问甲站500kV #2母线检修工作是否可终止，恢复500kV #2母线送电。

8）甲站报：500kV #2母线检修工作可终止，恢复送电。

9）向华北分中心申请：甲站500kV #2母线检修工作终止，恢复500kV #2母线送电。

10）华北分中心下令恢复甲站500kV #2母线送电后，省调令甲站将#3主变压器的5003开关转运行。

11）戊己双线恢复充电备用方式。

12）待甲站汇报具体故障情况。

2. 220kV母线掉闸

220kV母线掉闸电网结构示意图及站内接线图如图4-24、图4-25所示。

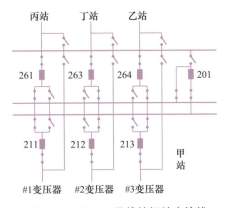

图4-24 220kV母线掉闸站内接线

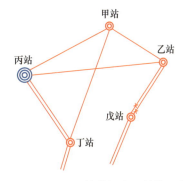

图4-25 220kV母线掉闸电网结构示意图

（1）故障描述。甲站220kV #2母线掉闸。

（2）风险分析。电网全接线方式，乙戊双线正常由乙站侧充电备用。甲站220kV #2母线掉闸后，甲站#2、#3主变压器掉闸，仅剩#1主变压器运行；220kV甲乙线、丁甲线掉闸，甲站由丙甲线单电源供电、乙站由丙乙线单电源供电。

（3）处置思路。

1）甲站220kV #2母线掉闸，甲站#2、#3主变压器掉闸，220kV丁甲线、甲乙线掉闸，通知甲、乙、丁站到站检查一、二次设备及保护动作情况。

2）通知H地调落实甲站由丙甲线单电源供电、乙站由丙乙线单电源供电的安措。通知省集控、丙站对丙甲线、丙乙线相关间隔设备加强运维监视，做好防止设备误碰、误动的安全措施。通知H地调落实甲站单主变压器、单母线安措，落实保站用电措施，做好全停的事故预想。

3）经校核无问题后，乙戊双线检同期合环，解除乙站单电源供电风险。

4）甲站检查后报：甲站220kV #2母线异物搭接导致掉闸，异物无法清除，需转检修处理。丁甲线、甲乙线及#2、#3主变压器间隔一、二次设备检查无异常。

5）许可H地调拉开甲站母联201-2刀闸后，将甲站220kV #2母线上的设备冷倒至220kV #1母线运行，许可地调将#2、#3主线恢复运行。通知H地调、集控、丙站解除相关安措。

6）校核无问题后，乙戊双线恢复正常充电备用方式。

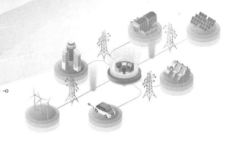

5 电网新设备投运

5.1 新设备投运管理规定

5.1.1 新设备投运注意事项

新设备并入电网运行的过程中，相关继电保护的临时定值、临时运行方式均应在新设备投运措施中予以明确。新设备投运过程中，包括进行相量检查时，未进行相量检查的保护和未正式带电的新开关，不作为可靠保护和可靠开关运行，应在各电源侧配置始终有效的临时保护和后备开关，以保证新设备的安全和电网运行的安全。仅更换开关或保护设备的，未变动设备作为可靠和有效设备运行，可不采取相应的临时措施。确实无临时保护和后备开关时，应指出新设备故障时的后果及影响。

应尽量缩短新设备投运进程，尤其是各种临时方式、特殊方式运行的时间。临时定值恢复为正常定值时，应与存档的正式运行定值核对正确。

不宜采用临时改变二次回路（包括电流、电压及出口跳闸回路等）的方式来获取保护性能、功能的改变。无论临时保护，还是运行设备的保护，二次回路临时变更后，应在转入正常运行方式后，检查确认二次回路的正确性。

5.1.2 相量检查注意事项

（1）以下情况，保护的交流电压、电流回路变动，应进行相量检查，以确保交流采样正确：

1）保护新投。

2）电压互感器、电流互感器更换。

3）电压二次回路、电流二次回路接线变动。

4）合并单元升级更换。

5）SV接线变动。

6）合并单元参数配置变动涉及交流采样变动。

7）其他影响保护交流采样回路正确性的工作。

（2）制定相量检查方案应注意：

1）负荷电流一般大于电流互感器额定电流的10%，以保证保护装置、试验仪器能有稳定明确的指示。

2）相量检查应全面，包括各类保护装置及其辅助设备、二次回路。

3）进行相量检查时，除可能引起保护误动的方式（如改变二次回路接线，一次采用特殊方式等）外，保护可不退出。

4）因相量错误，保护动作可能损失负荷时，保护宜退出。

（3）投产前，通过试验设备向一次设备中加入确定的试验电压量和电流量，进行继电保护相量检查模拟试验，模拟检查结论明确、结果正确的，视为有效保护，投运过程中可不再设置临时保护。但应在新设备并入电网运行后，利用工作电压和负荷电流复查保护的相量正确。并注意：

1）模拟相量检查试验涉及运行的一、二次设备时，应按规定履行调度工作手续，并采取技术措施隔离试验设备与运行设备，保证运行的系统和设备不受试验影响。

2）模拟相量检查应在以下条件具备后进行：新建线路施工完毕，变电站内一、二次设备安装调试完成，线路和变电站间隔转冷备用。

3）模拟相量检查后的继电保护装置及其辅助装置、二次回路，不得再进行任何作业。

5.1.3 新建线路、线路保护投运注意事项

（1）线路充电时，新线路两侧的保护（含重合闸）按正常方式投入运行。

（2）线路分相充电时，没有电流闭锁的非全相保护应退出。

（3）线路充电时，对双母线、单母线接线的，可利用母联（分段）断路器及其充电过电流保护来完成后备任务；对3/2接线的，可利用其他原有断路器及其充电过电流保护或短引线保护来完成后备任务。相量检查时仍投入的充电过电流保护应能可靠躲过负荷电流。

（4）充电侧为双母线接线的变电站，在由母联开关串带被充线路开关方式下，母线保护不投互联方式。

（5）投运过程中，除另有设定外，本站及相邻站其他设备保护应在正常运行状态，失灵保护应在运行状态。失灵保护与母线差动保护共用出口时，或需要接入失灵保护回路时，适时投退失灵保护。

5.1.4 变压器、变压器保护更换后投运注意事项

（1）充电过电流保护需要考虑对变压器各侧引线短路有足够灵敏度，并考虑躲过励磁涌流。

（2）变压器差动和重瓦斯等保护均应投入跳闸。对变压器内部故障，还需要更多依赖变压器保护，上述的充电过电流保护不能保证对内部故障的灵敏度。

（3）变压器充电时中性点要接地运行，导致系统接地阻抗的变化，引起系统某些保护的配合关系被破坏，甚至误动或拒动，因此要进行补充计算，确定是否需要修改部分保护的定值，或临时退出某些保护的运行。

（4）仅更换变压器保护新投时，无须进行多次变压器冲击。

5.1.5 母线保护更换后投运注意事项

（1）尽量缩短无母线保护的时间。

（2）母线保护刀闸辅助触点的开关量输入宜经过实际拉合母线刀闸来验证。要注意无母线差动保护时，不宜进行母线差动保护范围内一次刀闸的操作。

（3）母线保护相量检查随各间隔的接入随时进行，各间隔均接入后，进行整体相量检查。

5.1.6 开关及 TA 更换后投运注意事项

（1）双母线或单母线接线，更换进出线开关或电流互感器后，可将开关或电流互感器视为母线设备。采用母联或分段开关充电，投入母联或分段开关充电过电流保护，母线保护不投互联方式。

双母线或单母线接线，更换母联、分段开关或电流互感器后，采用线路、变压器充电，充电侧保护应能快速动作，被充侧母线保护一般退出。

（2）3/2接线，更换母线侧开关后：

1）采用某原有母线开关充电，投入原有母线开关的充电过电流保护，此母线开关对应的线路或变压器停运。

2）采用某原有母线开关充电，投入原有母线开关的充电过电流保护。此母线开关对应的线路或变压器不停运时，被充电范围内包括线路保护电流互感器，该电流互感器回路在充电时不能接入线路保护。

3）采用本串原有中间开关充电，投入原有中间开关的充电过电流保护，

此母线开关对应的线路或变压器应停运。被充侧母线保护电流互感器在被充电范围内时，该电流互感器回路在充电时不能接入母线保护。

4）采用线路充电时，充电侧线路保护应能快速动作。被充侧母线保护电流互感器在被充电范围内时，该电流互感器回路在充电时不能接入母线保护。

（3）3/2接线，更换中间开关后：

1）本串原有母线开关充电，投入原有母线开关的充电过电流保护，对应此中间开关的两组线路、变压器停运。

2）本串原有母线开关充电，投入原有母线开关的充电过电流保护，对应此母线开关与中间开关的线路或变压器停运。中间开关对应的另一设备运行，运行设备保护的中间开关电流互感器回路在充电时不能接入。

5.2 典型设备投运实例

5.2.1 新设备投运总体流程

新设备投运总体流程图如图5-1所示，具体流程介绍如下：

（1）投运前梳理相关工作均已竣工，查询日志/定值系统确认相关定值已核对。

（2）确认所有工作竣工后，下令两侧拆地线，转为冷备用状态后，进行新设备报竣工。

（3）新设备报竣工需重点核实保护定值是否核对、保护是否按要求投入；保护模拟向量检查情况，一般模拟向量检查后可视为可靠保护；母线差动保护二次是否接入，若未接入需在投运中接入；保护回路是否变动，是否需要进行向量检查、能否作为正常保护使用，若TV交流二次回路未动、额定变比未变，不需再进行向量检查；并网电厂故障录波器定值与省调核对，220kV变电站与地调核对，500kV站与省调核对；投运前与省调自动化确认自动化系统正常；涉及网调许可设备，投运前跟网调申请。

（4）将相关设备转为投运前运行方式，进行保护改临时定值。新设备投运过程中，包括进行相量检查时，未进行相量检查的保护和未正式带电的新开关，不作为可靠保护和可靠开关运行，应在各电源侧配置始终有效的临时保护和后备开关，以保证新设备的安全和电网运行的安全。

（5）下第一项投运操作指令的同时，相关投运工作票开工，按投运步骤逐步开始投运工作。

梳理并确认相关工作均已竣工

拆地线、相关投运设备转为冷备用状态

相关单位新设备报竣工

（①相关保护定值是否核对、是否按要求投入；②保护模拟向量检查情况，一般模拟向量检查后可视为可靠保护；③母差二次是否接入；④地线拆除情况；⑤保护回路是否变动，是否需要进行向量检查、能否作为正常保护使用）

将相关设备转为投运前运行方式
（一般将相关设备转为冷备用状态）

投运前准备工作
（保护改临时定值：母差保护投非互联等）

按投运步骤逐步开始投运工作
（下第一项投运操作指令的同时，相关投运工作票开工）

投运结束、方式恢复、工作票结、发投运短信

图 **5-1**　投运流程图

5.2.2　线路保护更换后投运

以220kV AB线保护更换后投运为例进行说明。

1. 投运设备及送电要求

（1）投运设备：A站AB线268保护（PCS-931SA-G-L、CSC-103A-G-L）更换后投运，B站AB线234保护（PCS-931SA-G-L、CSC-103A-G-L）更换后投运。

（2）送电要求：A站AB线268保护（PCS-931SA-G-L、CSC-103A-G-L）相量检查，B站AB线234保护（PCS-931SA-G-L、CSC-103A-G-L）相量检查（线路保护更换需进行线路保护相量检查）。

2. 调度范围（备注：明确投运设备调度管辖范围）

220kV AB线及两侧开关为省调调度设备。

3. 新设备报竣工（备注：所有工作结束，相关设备转为冷备用状态后，进行新设备报竣工）

（1）A站报：220kV AB线268保护（PCS-931SA-G-L、CSC-103A-G-L）更换工作完毕，试验验收合格，调试传动正确，人员撤离，地线短路线全部拆除，开关、刀闸均在断位，具备送电条件。

AB线线路光纤保护通道对调正确；268间隔的母线差动/失灵回路TA二次回路未动，220kV母线差动/失灵启动回路传动正确（需核对保护回路是否变动，是否需进行相量检查、能否作为正常保护使用）；相关保护已接入故障信息系统主子站（包括故障录波器）与省调、地调联调正确。

与省调核对268线路保护及220kV录波器定值正确（各并网发电厂，除上级调控机构直调的录波器、录波子站外，由直调其并网联络线的调控机构直调并核对定值，220kV变电站与地调核对定值，500kV变电站除上级调控机构直调的录波器、录波子站、信息子站、网络分析仪外，由省调直调并核对定值）。AB线268开关在冷备用状态，保护在投入状态（重合闸投单重方式），可以投运（需核实保护定值是否核对、是否按要求投入）。

（2）B站报：220kV AB线234保护（PCS-931SA-G-L、CSC-103A-G-L）更换工作完毕，试验验收合格，调试传动正确，人员撤离，地线、短路线全部拆除，开关、刀闸均在断位，具备送电条件。

AB线线路光纤保护通道对调正确；234间隔的母线差动/失灵回路TA二次回路未动，220kV母线差动/失灵启动回路传动正确（需核实保护回路是否变动，是否需进行相量检查、能否作为正常保护使用）；相关保护已接入故障信息系统主子站（包括故障录波器）与省调、地调联调正确。

已与地调核对220kV录波器定值正确（各并网发电厂，除上级调控机构直调的录波器、录波子站外，归直调其并网联络线的调控机构直调并核对定值，220kV变电站与地调核对定值，500kV变电站除上级调控机构直调的录波器、录波子站、信息子站、网络分析仪外，归省调直调并核对定值）。

与省调核对234线路保护定值正确。AB线234开关在冷备用状态，保护在投入状态（重合闸投单重方式），可以投运（需核实保护定值是否核对、是否按要求投入）。

（3）与自动化值班员确认：调度控制系统已具备投运条件（投运前与自动化确认系统正常，具备投运条件）。

4. 投运前运行方式（备注：确认线路及两侧站内设备状态）

（1）A站。

1）220kV母线正常运行方式。

2）220kV AB线268开关及线路在冷备用状态。

（2）B站。

1）220kV母线正常运行方式。

2）220kV AB线234开关及线路在冷备用状态。

（3）220kV AB线在冷备用状态。

5. 投运前准备

（1）A站。

1）将220kV #2B母线及母联202开关转热备用。新投运线路（保护）视为不可靠保护，需线路两侧变电站倒为单母线运行，两侧站母联开关的断路器保护改临时定值，作为投运期间临时保护（充电过电流保护定值改小、延时改短，并投入，作为可快速动作的可靠保护）；注意需提前落实相关安措；倒单母线时，注意母线TV刀闸状态。

2）220kV母线保护投"非互联"方式。投运过程母线差动保护投非互联，防止投运范围设备异常影响正常设备运行。

3）母联202开关的断路器保护PSL-631A改临时定值，与省调核对正确后投入其过电流保护。

（2）B站。

1）将220kV #2母线及母联201开关转热备用。新投运线路（保护）视为不可靠保护，需线路两侧变电站倒为单母线运行，两侧站母联开关的断路器保护改临时定值，作为投运期间临时保护（充电过电流保护定值改小、延时改短，并投入，作为可快速动作的可靠保护）；注意需提前落实相关安措；倒单母线时，注意母线TV刀闸状态。

2）220kV母线保护投"非互联"方式。投运过程母线差动保护投非互联，防止投运范围设备异常影响正常设备运行。

3）母联201开关的断路器保护PCS-923A改临时定值，与省调核对后投入其过电流保护。

6. 投运步骤

（1）A站。

1）合上268-2-5刀闸。

2）合上母联202开关。

（2）B站。

1）合上234-2-5刀闸。

2）合上母联201开关。

（3）A站、B站：220kV AB线由热备用转运行。

（4）A站、B站：20kV AB线两侧线路保护相量检查，正确后报省调（AB线合环进行线路保护相量检查）。

（5）A站。

1）退出202开关的断路器保护PSL-631A（含过电流保护），恢复正式定值（不投）（投运结束需退出母联201开关的断路器保护，母线恢复正常运行方式）。

2）220kV母线恢复正常方式。

（6）B站。

1）退出201开关的断路器保护PCS-923A（含过电流保护），恢复正式定值后按定值单要求投入（投运结束需退出母联201断路器保护，母线恢复正常运行方式）。

2）220kV母线恢复正常方式。

5.2.3 母差保护更换后投运

以B站238、239、240开关及220kV #1母线保护更换后送电为例进行说明。

1. 投运设备及送电要求

（1）投运设备。AB线239、238开关，BC线240开关及B站220kV #1母线保护（PCS-915C-G、BP-2CC-G）更换。

（2）送电要求。B站220kV #1母线保护（PCS-915C-G、BP-2CC-G）相量检查（母线保护更换需进行母线各间隔相量检查），AB线239、238开关充电，BC线240开关充电（开关更换需进行充电）。

2. 调度范围（备注：明确投运设备调管范围）

AB线239、238开关，BC线240开关，B站220kV #1母线为省调调度设备，B站#1主变压器为地调调度、省调许可设备。

3. 新设备报竣工

需要注意的是：①所有工作结束，相关设备转为冷备用状态后，进行新设备报竣工；②注意保护模拟相量检查情况，一般模拟相量检查后可视为可靠保护。

（1）A站向省调报：AB线239、238开关，BC线240开关及B站220kV #1母线保护（PCS-915C-G、BP-2CC-G）更换工作完毕，试验验收合格，地线及短路线拆除，传动良好，可以投运。

与省调核对220kV #1母线保护（PCS-915C-G、BP-2CC-G）、238、239开关的断路器保护（RCS-921A）、240开关的断路器保护（CSC121A）定值正确，保护在投入状态（需核实保护定值是否核对、是否按要求投入）。

与地调核对220kV故障录波器定值正确（各并网发电厂，除上级调控机构直调的录波器、录波子站外，归直调其并网联络线的调控机构直调并核对定值，220kV变电站与地调核对定值，500kV变电站，除上级调控机构直调的录波器、录波子站、信息子站、网络分析仪外，归省调直调并核对定值）。

220kV #1母线保护（PCS-915C-G、BP-2CC-G）已接入故障信息系统子站（含故障录波器），并与省调、地调联调正确。

238 TA、239 TA、240 TA为停电前现有运行设备，无须充电，可以直接送电（需清楚站内旧设备和新设备送电）。239 TA至220kV #2母线保护、239开关的断路器保护的交流二次回路未动，238 TA、239 TA至AB线线路保护、238/239短引线保护的交流二次回路未动，238 TA至238开关的断路器保护的交流二次回路未动，240 TA至BC线线路保护、240/241短引线保护、240开关的断路器保护的交流二次回路未动（需核对保护回路是否变动，是否需进行相量检查、能否作为正常保护使用，除220kV #1母线保护外，其他保护交流二次回路均未动，故其他设备无须相量检查）。211 TA、231 TA、234 TA、238 TA、240 TA交流二次回路已接入220kV #1母线保护（需核对相关二次回路是否已接入母线保护，若未接入需在投运中接入）。

（2）与自动化值班员确认：调度控制系统已具备投运条件（投运前与自动化确认自动化系统正常）。

4. 投运前运行方式（备注：确认线路及两侧站内设备状态）

（1）B站：220kV #1母线、BD线231开关、BE线234开关、BC线240开关冷备用；AB线239、238开关及线路冷备用；#1主变压器、10kV #1母线冷备用，母联101开关热备用，其他设备正常运行。

（2）A电厂：AB线222开关及线路冷备用。

（3）220kV AB线线路冷备用。

5. 投运前准备

（1）B站：需要注意的是母线保护更换，未做相量检查前不视为可靠保护，连在其母线上的所有开关的断路器保护更改临时定值做临时保护（将充电保护定值改小、延时改短，作为可快速动作的可靠保护）。

1）231、234开关的断路器保护（RCS-921A）改临时定值（充电保护过电流Ⅰ段3A，时间0s；充电保护过电流Ⅱ段3A，"投充电保护Ⅰ段"控制字置"1"，软压板"投充电保护压板"置"1"，其他定值项不变），与省调核对正确后投入（注意投入其充电保护）。

238开关的断路器保护（RCS-921A）改临时定值（充电保护过电流Ⅰ段4A，时间0s；充电保护过电流Ⅱ段2A，时间0.2s；"投充电保护Ⅰ段""投充电保护Ⅱ段"控制字置"1"，软压板"投充电保护压板"置"1"，其他定值项不变），与省调核对正确后投入（注意投入其充电保护）。

240开关的断路器保护（CSC121A）改临时定值（断控控制字0983，充电Ⅰ段电流3A，充电Ⅰ段延时0s；充电Ⅱ段电流3A，其他定值项不变）与省调核对正确后投入（注意投入其充电保护）。

2）合上231-1-2、234-1-2、238-1-2、239-1、240-1、21-7刀闸（238、239、240开关未充电正常前，需与运行系统可靠隔离，需注意母线TV刀闸状态，及时合上TV刀闸）。

（2）省调许可地调完成以下操作：

1）B站211开关的断路器保护（CSC121A）改临时定值（断控控制字2801，充电Ⅰ段6.25A，时间0s；充电Ⅱ段3.1A，时间0.2s；其他定值项不变），与地调核对正确后投入（注意投入其充电保护）。

2）#1主变压器及其211、111、511开关由冷备用转热备用（111开关上110kV #1母线）。

3）主变压器中性点操作按现场规程执行（涉及主变压器应注意主变压器中性点方式）。

6. 投运步骤

（1）第一阶段：B站238、239、240开关充电（用B站BD线231开关对238、239、240开关充电，无问题后通过239开关送出AB线）。

1）B站。

a. 合上BD线231开关。

b. 依次合上BC线240开关，AB线238、239开关。

c. 检查BC线240开关充电正常，AB线239、238开关充电正常，报省调。

d. 拉开BC线240开关，AB线238、239开关。

e. 合上240-2、239-2-5刀闸。

2）A电厂：合上AB线222-2-5刀闸。

3）B站：合上AB线239开关。

4）A电厂：检同期合上AB线222开关（送出AB线注意检同期）。

（2）第二阶段：B站220kV #1母线保护相量检查。

1）A站。

a. 合上AB线238开关，220kV #1母线保护（PCS-915C-G、BP-2CC-G）（231、238间隔）相量检查，正确后报省调（每两个开关成对转运行有潮流后，各间隔逐一进行母线保护相量检查）。

b. 拉开 BD 线 231 开关。

c. 合上 BE 线 234 开关，220kV #1 母线保护（PCS-915C-G、BP-2CC-G）（234 间隔）相量检查，正确后报省调（每两个开关成对转运行有潮流后，各间隔逐一进行母线保护相量检查）。

d. 拉开 BE 线 234 开关。

e. 合上 BC 线 240 开关，220kV #1 母线保护（PCS-915C-G、BP-2CC-G）（240 间隔）相量检查，正确后报省调（每两个开关成对转运行有潮流后，各间隔逐一进行母线保护相量检查）。

f. 拉开 BC 线 240 开关。

g. 恢复 231、234 开关的断路器保护（RCS-921A）正式定值，按定值单要求投入（注意退出充电过电流保护）。

h. 恢复 240 开关的断路器保护（CSC121A）正式定值，按定值单要求投入（注意退出充电过电流保护）（开关在分位时，开关保护恢复正式定值）。

2）省调通知地调：进行 B 站 #1 主变压器送电工作，要求 B 站 220kV #1 母线保护（PCS-915C-G、BP-2CC-G）（211 间隔）相量检查正确后报省调 [211 间隔许可地调进行相量检查，利用 #1 主变压器高中压侧开关形成回路，进行母线保护（211 间隔）相量检查]。

3）地调令 B 站：

a. 合上 #1 主变压器 211、111 开关。

b. 220kV #1 母线保护（PCS-915C-G、BP-2CC-G）（211 间隔）相量检查正确后报地调。

c. 拉开 #1 主变压器 111、211 开关。

d. 恢复 211 开关的断路器保护（CSC121A）正式定值，按定值单要求投入（注意退出充电过电流保护）。

e. 合上 #1 主变压器 211 开关。

4）地调向省调报：B 站 #1 主变压器及 211 开关已恢复运行，#1 主变压器 111、511 开关在热备用状态，220kV #1 母线保护（PCS-915C-G、BP-2CC-G）（211 间隔）相量检查正确，211 开关的断路器保护（CSC121A）已恢复正式定值并按定值单要求投入（充电过电流保护已退出）。

5）省调令 B 站：

a. 合上 BD 线 231 开关。

b. 拉开 AB 线 238 开关。

c. 合上BE线234开关。

d. 合上BC线240开关。

e. 恢复238开关的断路器保护（RCS-921A）正式定值，按定值单要求投入（注意退出充电过电流保护）（开关在分位时，断路器保护恢复正式定值）。

f. 合上AB线238开关。

6）省调通知地调：B站220kV #1母线保护更换送电工作完毕，B站#1主变压器及211开关已恢复运行，#1主变压器111、511开关在热备用状态，地调自行安排B站#1主变压器、110kV母线、10kV母线及A站所带负荷恢复正常方式运行。

7）结束。

5.2.4 开关或开关TA更换后投运

以A站BA线283TA更换后投运为例进行说明。

1. 投运设备及送电要求

（1）投运设备：A站BA线283 C相TA更换。

（2）送电要求：对A站BA线283 TA充电一次（新投TA更换需进行充电）；BA线线路保护（PCS-931A-G-L、CSC-103A-G-L）、A站220kV母线保护（RCS-915AB、BP-2B）相量检查[新投TA侧线路保护、母线差动保护（新投TA间隔）相量检查]。

2. 调度范围（备注：明确投运设备调管范围）

220kV BA线及两侧间隔设备均为省调调度设备。

3. 新设备报竣工

注意：一般先下令拆除地线，转为冷备用状态后，进行新设备报竣工。

A站向省调报：

（1）BA线283 C相TA更换完毕（保护、测量、计量TA变比均为1600/1未变），试验正确，验收合格，地线全部拆除，可以送电。

（2）A站283TA交流回路未接入220kV母线保护（出线TA充电完成前，TA二次回路不接入母线差动回路，母线差动保护投非互联，防止充电时TA故障导致运行母线跳闸）。

4. 投运前运行方式

需要注意的是：①与两侧核对站内设备状态；②与地调核对线路状态。

（1）B站：BA线及222开关冷备用状态，其他设备正常方式。

（2）A站：BA线及283开关冷备用状态，220kV #1母线及母联201开关冷备用状态，#1主变压器检修状态；其他设备正常运行方式。

（3）220kV BA线线路冷备用。

5．投运前准备

（1）B站：

1）BA线222保护PCS-931A-DA-G-L退出改临时定值（临时定值：接地距离Ⅱ段时间、相间距离Ⅱ段时间改为0.05s，其他定值项不变），与省调核对正确后投入（出线TA更换后，对侧修改线路保护距离Ⅱ段动作时限，作为TA充电、相量检查时的速动保护）。

2）合上222-2-5刀闸。

（2）A站：

1）将220kV #1母线及201开关转热备用（本侧倒空一条母线，更改母联保护定值，使其保护范围延伸至对侧出线开关处，作为相量检查时的后备保护；注意需提前落实相关安措；倒单母线时，注意母线TV刀闸状态）。

2）220kV母线保护投"非互联"方式（投运过程母线差动保护投非互联，防止投运范围设备异常影响正常设备运行）。

3）母联201开关的断路器保护RCS-923A改临时定值（临时定值：过电流Ⅰ段0.8A，时间0s；过电流Ⅱ段0.8A；控制字"投过电流Ⅰ段"置1；软压板"投过电流保护"置1；其他定值项不变），与省调核对正确后投入过电流保护（不投充电保护）。

4）合上283-5刀闸[为避免充电时TA故障导致母线保护误动，充电完成前新TA出线间隔母线刀闸一般断开（-1、-2刀闸断开）]。

6．投运步骤

（1）B站：

1）合上BA线222开关，对A站283 TA充电（A站检查充电无问题后报省调）（一般由对侧合闸给新TA充电）。

2）拉开BA线222开关。

（2）A站：

1）将283开关TA交流二次回路分别接入两套220kV母线保护（保护无须退出）（充电无问题后，新TA二次回路接入母线差动保护）。

2）合上283-1刀闸。

（3）B站：合上BA线222开关。

（4）A站：

1）合上BA线283开关。

2）检同期合上母联201开关。

（5）B站、A站：BA线两侧线路保护相量检查，A站220kV母线保护相量检查（283间隔），正确后报省调（新投设备运行带负荷后，线路保护、母线差动保护进行相量检查）。

（6）B站：BA线222保护PCS-931A-DA-G-L就地在线恢复原定值（注意按照操作指导卡步骤操作）。投运结束后对侧线路保护恢复正常定值。

（7）A站：

1）退出母联201开关的断路器保护RCS-923A（含过电流保护压板），恢复正式定值（正常运行时不投）（投运结束需退出母联201开关的断路器保护，母线恢复正常运行方式）。

2）220kV母线恢复正常方式。

（8）结束。

5.2.5 500kV主变压器投运

以500kV A站#4主变压器及其保护更换后送电为例进行说明。

1. 投运设备及送电要求

（1）投运设备。A站500kV #4主变压器返厂大修，#4主变压器保护更换，5051、5052开关的断路器保护更换。

（2）送电要求。

1）A站#4主变压器充电5次（主变压器返厂大修需进行充电）。

2）A站#4主变压器高压侧CVT、相邻500kV线路CVT、220kV母线CVT、35kV母线CVT之间二次核相（主变压器返厂大修后进行TV二次定相）。

3）A站#4主变压器保护（CSC-326T5-G、PST-1200UT5-G），5051、5052开关的断路器保护（PCS-921A-G）相量检查（新投主变压器保护、断路器保护相量检查）。

2. 调度范围（备注：应熟知各设备调管范围）

A站#4主变压器变为省调调度设备。

A站500kV #4主变压器、5051开关为网调许可设备，5052开关和5051-1、5052-2刀闸为网调、省调双重调度设备。

3. 新设备报竣工

（1）A站报：#4主变压器、#4主变压器变保护（CSC-326T5-G、PST-1200UT5-G）、5051开关的断路器保护（PCS-921A-G）、5052开关的断路器保护（PCS-921A-G）更换接引完毕，试验验收合格，地线及短路线全部拆除，相位正确，传动良好，同期回路正确，开关闸刀均在断位，主变压器分接头在"9"位置，具备送电条件。

5051开关TA已接入500kV #1母线保护，5052开关TA已接入500kV线路保护（需核实相关二次回路是否已接入母线、线路保护，若未接入需在投运中接入。保护回路是否变动，是否需进行相量检查、能否作为正常保护使用）。

上述保护均已按定值单要求正确投入，与省调核对设备命名编号，#4主变压器保护、5051开关的断路器保护定值单与省调核对正确，5052开关的断路器保护定值单与网调核对正确（需核实保护定值是否核对、是否按要求投入）。

现场一次通流试验验证5051、5052开关的断路器保护（PCS-921A-G）电流回路接入正确（需核实是否需要进行相量检查、能否作为正常保护使用）。

（2）确认调度控制系统具备投运条件（投运前与自动化确认自动化系统正常）。

（3）省调向网调报：A站#4主变压器及其保护（CSC-326T5-G、PST-1200UT5-G），5051、5052开关的断路器保护（PCS-921A-G）更换完毕，验收合格，具备投运条件（涉及网调许可设备，投运前向网调申请）。

4. 投运前运行方式（备注：与A站核对站内设备状态）

A站除#4主变压器及其5051、5052、214、314开关、35kV #4母线及其无功设备在冷备用状态，5033开关在冷备用状态；其他设备正常运行。

5. 投运前准备

（1）合上A站314-4、3741-4、3742-4、3743-4、3745-4、34-7刀闸（#4主变压器低压侧设备转热备用）。

（2）投入A站35kV #4母线、电容器、电抗器所有保护。

6. 投运步骤

（1）A站进行220kV侧投切#4主变压器试验。

1）将220kV #2B母线由运行转热备用。

2）将分段204开关由热备用转冷备用。

3）母联202开关的断路器保护RCS-923C定值改为空载充电主变压器临时定值（临时定值：过电流Ⅰ段3A，时间0s；过电流Ⅱ段1.25A，时间0.2s；控制字"投过电流Ⅰ段""投过电流Ⅱ段"置1；软压板"投过电流保护"置1；其他定值项不变），与省调核对正确后投入过电流保护（不投充电保护）。

4）220kV B段母线保护投"非互联"方式。

5）合上#4主变压器的214-2-4刀闸。

6）合上母联202开关。

7）合上214开关对#4主变压器充电，检查主变压器充电良好后报省调。

8）合上314开关，进行220kV＃2B母线CVT、＃4主变压器500kV侧CVT、35kV＃4母线CVT之间二次核相，检查相序正确后报省调（TV二次定相）。

9）A站视现场电压情况，投入无功设备。

10）#4主变压器保护（中、低压侧）相量检查正确报省调（中压与低压运行进行相量检查）。

11）A站退出无功设备。

12）拉开214、314开关。

13）用214开关给#4主变压器充电2次，最后214开关在分位（每次分合间隔时间不低于5min）。

14）拉开214-4刀闸。

15）将母联202开关的断路器保护退出（含流过电流保护），恢复正常定值（不投）（中低压侧投切结束需退出母联201开关的断路器保护）。

（2）A站进行500kV侧投切500kV #4主变压器试验。

1）征得网调同意后，退出5051、5052开关的断路器保护（PCS-921A-G），将定值改为空载充电主变压器临时定值（临时定值：充电过电流Ⅰ段电流定值2A，时间0.01s；充电过电流Ⅱ段电流定值0.6A，时间0.2s；控制字"充电过电流保护Ⅰ段""充电过电流保护Ⅱ段"置"1"；其他定值项不变），与省调核对正确后投入充电过电流保护（主变压器本体或保护投运时，高压侧两个开关的断路器保护更改定值做临时保护）。

2）将5051开关由冷备用转热备用。

3）合上5051、314开关（第4次充电）（主变压器返厂大修需进行充电）。

4）A站视现场电压情况，投一组无功设备。

5）＃4主变压器保护（高、低压侧）、5051开关的断路器保护相量检查正确报省调，期间进行500kV #4主变压器500kV侧CVT、相邻500kV线路CVT、35kV #4母线CVT之间二次核相，检查充电良好相序正确后报省调（高压与低压运行进行相量检查；高压侧两个开关分别进行相量检查；主变压器返厂大修后进行TV二次定相）。

6）A站退出无功设备。

7）拉开5051、314开关。

8）将5051开关由热备用转冷备用，5051开关的断路器保护退出（含充电过电流保护），恢复原定值后，报省调按定值单要求投入（高低压侧投切结束需恢复5051开关的断路器保护定值）。

9）将5052开关由冷备用转热备用。

10）合上5052、314开关（第5次充电）（主变压器返厂大修需进行充电）。

11）A站视现场电压情况，投一组无功设备。

12）#4主变压器保护（高、低压侧）、5052开关的断路器保护相量检查正确后报省调、网调（高压与低压运行进行相量检查；高压侧两个开关分别进行相量检查）。

13）A站退出无功设备。

14）拉开5052、314开关。

15）将5052开关由热备用转冷备用，5052开关的断路器保护退出（含充电过电流保护），恢复原定值后，报省调按定值单要求投入（高低压侧投切结束需恢复5052开关的断路器保护定值）。

（3）A站#4主变压器合环。

1）将5051、5052开关由冷备用转热备用。

2）合上#4主变压器的214-4刀闸。

3）将5051、5052开关由热备用转运行。

4）检同期合上214开关。

5）#4主变压器保护，5051、5052开关的断路器保护相量复测，正确后报省调、网调（合环后进行保护相量复测）。

6）将分段204开关由冷备用转运行。

7）220kV B段母线恢复正常方式。

8）合上314开关。

9）电容器组投入状态根据电压情况确定。

10）结束。

5.2.6　220kV线路投运

以220kV AB Ⅰ、Ⅱ线投运为例进行说明。

1. 本次投运设备及送电要求

（1）新投运设备。

1）220kV线路：AB Ⅰ线（A电厂285—B站231）、AB Ⅱ线（A电厂286—

B站234）。

2）A电厂：AB Ⅰ线285间隔，AB Ⅱ线286间隔一、二次设备（原AC Ⅰ、Ⅱ线间隔，本次更换线路保护、285-1-2刀闸，调整285TA变比为2400/5）（A侧AB双线为原有设备，但更换线路保护、285间隔TA及刀闸）。

3）B站：AB Ⅰ线231间隔、AB Ⅱ线234间隔一、二次设备（B侧均为新投设备）。

（2）送电要求。

对220kV AB Ⅰ、Ⅱ线冲击合闸三次（新投线路需冲击合闸三次；特别的电缆线路一般只需冲击合闸一次），（B站）AB Ⅰ、Ⅱ线线路TV二次定相，（A电厂）220kV母线TV二次定相（B站进行线路TV与母线TV同源核相，A电厂进行母线间TV异源核相）。

《调度控制管理规程》规定，线路首次充电应进行相序核对（核相），再用母线TV进行二次定相；新接TV应先用同一电源核对TV接线正确性，再用不同电源核对相位。

A电厂220kV母线保护（285间隔）、B站220kV母线保护（231、234间隔）、（A电厂、B站）AB Ⅰ、Ⅱ线线路保护等继电保护装置相量检查（B侧为新设备，线路保护及母线保护均需相量检查；A电厂只需线路保护及母线保护285间隔相量检查）。

2. 调度范围划分（备注：应熟知各设备调管范围）

220kV AB Ⅰ线、AB Ⅱ线及两侧间隔为省调调度设备。

3. 新设备报竣工

需要注意的是：一般先下令拆除地线，转为冷备用状态后，进行新设备报竣工。

（1）地调报：220kV AB Ⅰ线、AB Ⅱ线线路施工完毕，地线拆除，验收合格，人员撤离，相序正确，具备送电条件。

220kV AB Ⅰ线、AB Ⅱ线线路参数实测工作结束，分相核相正确，参数合理，已上报省调并经确认（新投线路一般均需线路测参，故需核实线路测参相关工作票结）。

B站231、234间隔的相关设备已接入地调监控系统，传动正确，验收合格。

（2）A电厂报：AB Ⅰ线285开关、TA、线路TV、285-1-2-5刀闸，AB Ⅱ线286开关、TA、线路TV、286-1-2-5刀闸；AB Ⅰ线285线路微机保护（PCS-931A-G-L、WXH-803A-G-L），AB Ⅱ线286线路微机保护（PCS-931A-G-L、WXH-803A-G-L），计量装置、远动装置以及上述设备的二次回路。

上述一、二次设备安装接引竣工，相关二次回路已接入两套220kV母线保护（286TA交流二次回路未动、额定变比未变）（相关二次回路是否已接入母线保护，若未接入需在投运中接入。保护回路是否变动，是否需进行相量检查、能否作为正常保护使用，A电厂286TA交流二次回路未动、额定变比未变，不需进行相量检查），相关设备已接入省调监控系统，试验验收合格，地线及短路线全部拆除，相位正确，传动良好，纵联保护的光纤通道对调正确，故障信息系统主子站联调正确，开关、刀闸均在断开位置，具备送电条件。

ABⅠ、Ⅱ线线路TV为停电切改前的现有运行设备，无须充电、核相（需清楚站内旧设备和新设备核相）。

与省调核对有关设备命名编号及有关保护定值正确，ABⅠ线285、ABⅡ线286开关及线路的所有保护及单相重合闸均已投入（需核实保护定值是否核对、是否按要求投入）。

220kV故障录波器定值已与省调核对正确（各并网发电厂，除上级调控机构直调的录波器、录波子站外，归直调其并网联络线的调控机构直调并核对定值，220kV变电站与地调核对定值，500kV变电站，除上级调控机构直调的录波器、录波子站、信息子站、网络分析仪外，归省调直调并核对定值）。

（3）B站报：

ABⅠ线231开关、TA、线路TV、231-1-2-5刀闸，ABⅡ线234开关、TA、线路TV、234-1-2-5刀闸；ABⅠ线231线路微机保护（PCS-931A-DA-G-L、WXH-803A-DA-G-L），ABⅡ线234线路微机保护（PCS-931A-DA-G-L、WXH-803A-DA-G-L），计量装置、远动装置以及上述设备的二次回路。

上述一、二次设备安装接引竣工，相关二次回路已接入两套220kV母线保护（相关二次回路是否已接入母线保护，若未接入需在投运中接入），试验验收合格，地线及短路线全部拆除，相位正确，传动良好，纵联保护的光纤通道对调正确，故障信息系统主子站联调正确，开关、刀闸均在断开位置，具备送电条件。

与省调核对有关设备命名编号及有关保护定值正确，ABⅠ线231开关、ABⅡ线234开关及线路的所有保护及单相重合闸均已投入。

220kV故障录波器定值已与地调核对正确（各并网发电厂，除上级调控机构直调的录波器、录波子站外，归直调其并网联络线的调控机构直调并核对定值，220kV变电站与地调核对定值，500kV变电站，除上级调控机构直调的录波器、录波子站、信息子站、网络分析仪外，归省调直调并核对定值）。

（4）投运前省调自动化处向调控处确认：自动化系统全部正常（投运前与自动化确认自动化系统正常）。

4. 投运前运行方式

需要注意的是：①与两侧核对站内设备状态；②与地调核对线路状态。

（1）A电厂：220kV #1、#2母线正常运行状态，220kV #3母线、旁路202开关冷备用状态。AB Ⅰ线285、AB Ⅱ线286开关及线路冷备用状态。

（2）B站：220kV母线正常运行状态，AB Ⅰ线231、AB Ⅱ线234开关及线路冷备用状态。

（3）220kV AB Ⅰ线、AB Ⅱ线线路在冷备用状态。

5. 投运前准备工作

（1）A电厂。

1）220kV #2母线及母联201开关由运行转冷备用（220kV #2母线TV隔离开关保持合位）。新投运线路（保护）视为不可靠保护，需两侧站倒为单母运行，母联开关的断路器保护改临时定值，作为投运期间保护（充电过电流保护定值改小、延时改短，作为可快速动作的可靠保护）；注意需提前落实相关安措；倒单母线时，注意母线TV刀闸状态；AB双线线路此次由B站充电，A电厂TV进行异源核相，为保证安全，投运设备要与运行系统可靠隔离，核相前需断开A电厂母联刀闸（如201-1刀闸）。

2）合上AB Ⅰ线285-2刀闸、AB Ⅱ线286-2-5刀闸。AB双线TV核相需逐条线路进行，对AB Ⅱ线核相，需要AB Ⅰ线有明显断开点（-5隔离开关在断位），防止核相前线路开关偷合导致电网风险。

3）母联201开关的断路器保护RCS-923C改临时定值（过电流Ⅰ段定值2A，时间0.01s；充电过电流Ⅱ段定值2A；零序过电流Ⅰ段定值2A，时间0.01s；控制字"投过电流Ⅰ段""投零序过电流Ⅰ段"置1，软压板"投过电流保护"置1，其他项定值不变）后投入其过电流保护。

4）220kV母线保护投"非互联"方式（母线差动保护投非互联，防止投运范围设备异常影响正常设备运行）。

（2）B站。

1）220kV #1母线由运行转热备用（母线分段203开关为固定连接）。母联202开关的断路器保护A套PCS-923A-DA-G改临时定值（充电过电流Ⅰ段定值0.4A；充电过电流Ⅱ段定值0.4A；充电零序过电流定值0.35A；充电过电流保护软压板置1，其他项定值不变）后投入其充电过电流保护。

2）合上AB Ⅰ线231-1-5、AB Ⅱ线234-1-5刀闸。

3）220kV母线保护投"非互联"方式。

6. 投运步骤

具体的投运步骤：冲击合闸→同源核相→异源核相→合环后相量检查→方式恢复。

（1）第一阶段：AB Ⅰ、Ⅱ线冲击合闸。

B站操作如下：

1）合上母联202开关。

2）用AB Ⅰ线231开关对线路冲击合闸3次，最后开关在断位（期间AB Ⅰ线线路TV、220kV#1母线TV二次定相，正确报省调）。

3）用AB Ⅱ线234开关对线路冲击合闸三次，最后开关在合位（期间AB Ⅱ线线路TV、220kV#1母线TV二次定相，正确报省调）（B站线路TV、220kV#1母线TV二次定相，确认本侧接线有无问题；A电厂先进行AB Ⅱ线TV异源核相，故234开关在合位，231开关在分位）。

（2）第二阶段：A电厂220kV母线TV二次定相，相关保护相量检查。

1）A电厂。

a．合上AB Ⅱ线286开关。

b．220kV #1、#2母线TV二次定相，正确报省调。TV核相分为同源核相（线路TV与所在母线TV核相）和异源核相（如被充侧#1母线与#2母线TV核相），实现线路接线正确的双确认；A电厂AB Ⅰ、Ⅱ线为原设备，不需进行线路TV核相，只需从对侧充电后进行220kV #1、#2母线TV二次定相，防止由于长线路换相导致A侧接线有误；并且AB双线分别进行两次，确保两条线路均不存在相序问题。

c．拉开AB Ⅱ线286开关。

2）B站：拉开AB Ⅱ线234开关。

3）A电厂：拉开AB Ⅱ线286-5刀闸，合上AB Ⅰ线285-5刀闸。

4）B站：合上AB Ⅰ线231开关。

5）A电厂。

a．合上AB Ⅰ线285开关。

b．220kV #1、#2母线TV二次定相，正确报省调。AB双线分别进行两次异源核相，以确保两条线路均不存在相序问题，对AB Ⅰ线核相，需要AB Ⅱ线有明显断开点（-5刀闸在断位）。

c．母联201开关由冷备用转热备用。

d. 合上AB II 线286-5刀闸。

e. 合上AB II 线286开关（对侧B站合上AB II 线234开关）。

f. 检同期合上母联201开关。

6）A电厂、B站。

a. A电厂：220kV母线保护RCS-915AB、BP-2B（285间隔）相量检查，正确后报省调。

b. B站：220kV母线保护PCS-915D-DA-G、WMH-801D-DA-G（231间隔、234间隔）相量检查，正确后报省调。

c. 220kV AB I 线、AB II 线线路保护PCS-931A（-DA）-G-L、WXH-803A（-DA）-G-L相量检查，正确后报省调（AB I 、II 线合环进行线路保护相量检查，同时两侧站进行母线保护相应间隔相量检查）。

（3）第三阶段：恢复正常运行方式。

1）A电厂。

a. 退出母联201开关的断路器保护RCS-923C，恢复正式定值（不投）；（投运结束需退出母联201开关的断路器保护，母线恢复正常运行方式）。

b. 220kV母线恢复正常运行方式。

2）B站。

a. 退出母联202开关的断路器保护A套PCS-923A-DA-G，恢复正式定值（不投）；（投运结束需退出母联201开关的断路器保护，母线恢复正常运行方式）。

b. 220kV母线恢复正常运行方式。

3）结束。

5.2.7　220kV新建变电站投运

以220kV A站投运为例进行说明。

1. 投运设备及送电要求

（1）投运设备。

1）220kV线路：220kV AB线（A站282—B站223）；220kV CA线（C站271—A站285）。

2）B站：220kV AB线223线路保护，223开关的端子箱（AB线223间隔一次设备为原运行设备；B侧AB线为原有设备，一般不需充电、核相）。

3）C站：220kV CA线271线路保护（CA线271间隔一次设备为原运行设备；C侧CA线为原有设备，一般不需充电、核相）。

4）A站：220kV#1、#2母线、母联201间隔、AB线282间隔、CA线285间隔一、二次设备。

（2）送电要求。

1）对220kV AB线、CA线线路冲击合闸三次（新投线路冲击合闸三次）。

2）A站220kV #1、#2母线、母联201间隔、AB线282间隔、CA线285间隔新设备充电，A站220kV母线TV二次定相。母线TV二次定相（新投站侧），新投站对侧线路TV等一次设备为停电切改前的现有运行设备，无须充电、核相，否则需进行线路TV二次定相（新投站对侧）。

3）220kV AB线、CA线线路保护相量检查。一般新投变电站在投运前已进行除线路保护纵联部分外的模拟相量检查试验，投运阶段只需进行线路纵联差动保护相量检查即可。

4）B站220kV母线保护（223间隔）相量检查［母线保护（新投线路间隔）］。

2. 调度范围

需要注意的是：调度应熟知各设备调管范围。

（1）220k AB线、CA线及两侧间隔设备均为省调调度设备。

（2）A站220kV #1、#2母线、母联201开关为省调调度设备。A站220kV #2、#3主变压器为地调调度、省调许可设备。213-1-2、212-1-2刀闸为省调、地调双重调度设备。

3. 新设备报竣工

需要注意的是：一般先下令拆除地线，转为冷备用状态后，进行新设备报竣工。

（1）地调报：220kV AB线、CA线线路施工完毕，地线、短路线拆除，验收合格，人员撤离，相序正确，具备送电条件。

220kV AB线、CA线线路参数实测工作结束，分相核相正确，参数合理，已上报省调并经确认（新投线路一般均需线路测参，故需核实线路测参相关工作票结）。

A站#2主变压器212开关及TA、212-1-2-4刀闸、#3主变压器213开关及TA、213-1-2-4刀闸安装完毕，试验验收合格，地线及短路线拆除，相位正确，传动良好，具备投运条件。开关、刀闸均在断开位置，可以投入运行。

220kV A站已接入地调自动化系统，传动正确，验收合格，可以投运。

（2）A站报：220kV#1、#2母线、21-7、22-7刀闸、220kV #1、#2母线

TV、避雷器，母联 201 开关、TA、201-1-2 刀闸；220kV AB 线 282 开关、TA、282-1-2-5 刀闸、线路 TV 及避雷器、线路保护（NSR-303A-FA-G-L、WXH-803A-FA-G-L）；220kV CA 线 285 开关、TA、285-1-2-5 刀闸、线路 TV 及避雷器、线路保护（NSR-303A-FA-G-L、WXH-803A-FA-G-L），220kV 母线保护（CSC-150A-FA-G、BP-2CA-FA-G）、母联 201 开关的断路器保护（CSC-122A-FA-G、PRS-723A-FA-G），2# 主变压器 212 开关、TA、212-1-2 刀闸，#3 主变压器 213 开关、TA、213-1-2 刀闸，保护故障信息系统、220kV 故障录波器、综合自动化保护系统、远动装置、计量装置等设备。

上述一、二次设备安装接引工作竣工，试验验收合格，地线及短路线拆除，相位正确，传动良好，纵联保护的通道对调正确，同期回路接线正确，保护故障信息系统主子站（包括故障录波器）联调正确，相关设备二次电流回路已接入 220kV 母线保护，开关及刀闸均在断位，可以投入运行。上述所有保护（除线路保护纵联部分外）模拟相量检查试验结果正确，母线 TV、线路 TV 二次模拟核相试验结果正确。220kV AB 线间隔为基建状态，相关二次电流回路未接入 220kV 母线保护（需核实相关二次回路是否已接入母线保护，若未接入需在投运中接入。保护回路是否变动，是否需要进行相量检查、能否作为正常保护使用）。

相关 220kV 故障录波器定值已与地调核对正确（各并网发电厂，除上级调控机构直调的录波器、录波子站外，归直调其并网联络线的调控机构直调并核对定值，220kV 变电站与地调核对定值，500kV 变电站，除上级调控机构直调的录波器、录波子站、信息子站、网络分析仪外，归省调直调并核对定值）。

与省调核对设备命名编号及有关保护定值正确，220kV 母线保护、AB 线 282、CA 线 285 开关及线路的所有保护及单相重合闸均已投入（需核实保护定值是否核对、是否按要求投入）。

（3）B 站报：AB 线 223 开关、TA、223-1-2-5 刀闸、线路 TV 及避雷器、线路保护（NSR-303A-G-L、WXH-803A-G-L）、远动装置、计量装置等设备。

上述一、二次设备安装接引工作竣工，传动正确，验收合格，纵联保护通道对调正确，保护故障信息系统主子站（包括故障录波器）联调正确。AB 线 223 开关、TA、223-1-2-5 刀闸，线路 TV 等一次设备为停电切改前的现有运行设备，无须充电、核相（需清楚站内旧设备和新设备，原有设备一般不需充电、核相），开关、刀闸均在断开位置，地线及短路线拆除，可以投入运行。AB 线 223 开关的交流二次回路已接入 220kV 母线保护（需核实相关二次回路是否已接入母线保护，若未接入需在投运中接入。保护回路是否变动，是否需要进行相量检查、能否作为正常保护使用）。

与省调核对有关设备命名编号及有关保护定值正确，AB线223开关的所有保护及单相重合闸均已投入（需核实保护定值是否核对、是否按要求投入）。

相关220kV故障录波器定值已与地调核对正确。保护故障信息系统与省调及地调调试正确（各并网发电厂，除上级调控机构直调的录波器、录波子站外，归直调其并网联络线的调控机构直调并核对定值，220kV变电站与地调核对定值，500kV变电站，除上级调控机构直调的录波器、录波子站、信息子站、网络分析仪外，归省调直调并核对定值）。

（4）C站报：CA线271开关、TA、271-1-2-5刀闸、线路TV及避雷器、线路保护（NSR-303A-G-L、WXH-803A-G-L）、远动装置、计量装置等设备。

上述一、二次设备安装接引工作竣工，传动正确，验收合格，纵联保护通道对调正确，保护故障信息系统主子站（包括故障录波器）联调正确。CA线271开关、TA、271-1-2-5刀闸、线路TV等一次设备为停电切改前的现有运行设备，无须充电、核相（需清楚站内旧设备和新设备，原有设备一般不需充电、核相），可以直接送电。开关、刀闸均在断开位置，地线及短路线拆除，可以投入运行。CA线271开关至220kV母线保护的交流二次回路未动（需核实相关二次回路是否已接入母线保护，注意前后对应。保护回路是否变动，是否需要进行相量检查、能否作为正常保护使用，C站母线保护二次回路未动，故无须进行量相量检查）。

与省调核对有关设备命名编号及有关保护定值正确，CA线271开关的所有保护及单相重合闸均已投入（需核实保护定值是否核对、是否按要求投入）。

相关220kV故障录波器定值已与地调核对正确。保护故障信息系统与省调及地调调试正确（各并网发电厂，除上级调控机构直调的录波器、录波子站外，归直调其并网联络线的调控机构直调并核对定值，220kV变电站与地调核对定值，500kV变电站，除上级调控机构直调的录波器、录波子站、信息子站、网络分析仪外，归省调直调并核对定值）。

（5）与自动化值班员确认：调度控制系统已具备投运条件（投运前与自动化确认自动化系统正常）。

4. 投运前运行方式

需要注意的是：①与三侧核对站内设备状态；②与地调核对线路状态。

（1）B站：220kV AB线223开关及线路冷备用，其他设备正常运行。

（2）C站：220kV CA线271开关及线路冷备用，其他设备正常运行。

（3）A站：220kV AB线282开关及线路、CA线285开关及线路冷备用；220kV #1、#2母线及母联201开关冷备用；#3主变压器213开关、#2主变压器212开关冷备用。

（4）220kV AB线、CA线线路冷备用。

5. 投运前准备

（1）A站：

1）合上21-7、22-7刀闸。

2）合上母联201-2刀闸及201开关。（201-1刀闸在断位）

需要注意的是：①两条母线间需有明显的开断点（如201-1或201-2刀闸在断位）；②新投变电站一般在投运前已进行线路TV与母线TV相位模拟相量检查试验，故投运过程无须进行此项工作。

3）220kV母线保护投"非互联"方式（母线差动保护投非互联方式，防止投运范围设备异常影响正常设备运行）。

4）母联201开关的断路器保护（CSC-122A-FA-G）改临时定值（临时定值：充电过电流Ⅰ段电流0.8A；充电过电流Ⅱ段电流0.8A；充电零序过电流电流定值0.4A；其他定值项不变），与省调核对正确后投入其充电过电流保护。

5）合上AB线282-2-5刀闸。

6）合上CA线285-1-5刀闸。

7）合上212-2刀闸、213-1刀闸。

（2）B站：

1）220kV #1母线及母联201开关由运行转热备用［与新投变电站所连变电站（即电源侧）倒为单母线方式］。

2）母联201开关的断路器保护（NSR-322CA-G）改临时定值（临时定值：充电过电流Ⅰ段电流6.25A；充电过电流Ⅱ段电流6.25A；充电零序过电流电流定值4A；充电过电流保护软压板置1；其他定值项不变），与省调核对正确后投入其充电过电流保护（母联开关的断路器保护更改定值作为新设备充电及相量检查时的临时速动保护）。

3）合上AB线223-1-5刀闸。

4）220kV母线保护投"非互联"方式（母线差动保护投非互联方式，防止投运范围设备异常影响正常设备运行）。

（3）C站：

1）220kV #1母线及母联201开关由运行转热备用［与新投变电站所连变电站（即电源侧）倒为单母线方式］。

2）母联201开关的断路器保护（RCS-923C）改临时定值（临时定值：过电流Ⅰ段1.25A，时间0s；过电流Ⅱ段1.25A；控制字"投过电流Ⅰ段"置1；软压板"投过电流保护"置1；其他定值项不变），与省调核对正确后投入过电流保护（不投充电保护，母联开关的断路器保护更改定值作为新设备充电及相量检查时的临时速动保护）。

3）合上CA线271-1-5刀闸。

4）220kV母线保护投"非互联"方式（母线差动保护投非互联方式，防止投运范围设备异常影响正常设备运行）。

6. 投运步骤

（1）第一阶段：CA线、AB线冲击合闸试验。

1）B站。

a. 合上母联201开关。

b. 用AB线223开关对线路冲击合闸三次，最后开关在合位。依次对新投线路冲击合闸三次（新投变电站对端为电源），新投站对侧线路TV等一次设备为停电切改前的现有运行设备，无须充电、核相。

2）C站。

a. 合上母联201开关。

b. 用CA线271开关对线路冲击合闸三次，最后开关在合位。依次对新投线路冲击合闸三次（新投变电站对端为电源），新投站对侧线路TV等一次设备为停电切改前的现有运行设备，无须充电、核相。

（2）第二阶段：A站220kV母线TV二次核相，220kV AB线、CA线线路保护相量检查。

1）A站。

a. 合上AB线282开关。

b. 拉开母联201开关。

c. 合上CA线285开关。

d. 220kV#1、#2母线TV二次定相，正确报省调（新投变电站两条母线都带电有压后，进行两条母线的TV二次定相）。

e. 合上母联201-1刀闸。

f. 检同期合上母联201开关。

2）B、A、C站。

a. B站：220kV母线保护相量检查（223间隔），AB线线路保护相量检查，正确报省调。

b. A站：AB线、CA线线路保护相量检查，正确报省调；220kV母线保护相量复核，正确报省调。

c. C站：CA线线路保护相量检查，正确报省调（若新投的变电站为末端站，通过主变压器带负荷后，进行线路保护、母线保护相量检查；若不是末端站，可通过母联201合环运行后进行上述工作）。

（3）第三阶段：B站、C站、A站恢复正常方式。

1）B站。

a. 退出201开关的断路器保护（NSR-322CA-G）（注意退出充电过电流保护），恢复正式定值（不投）。投运结束需退出母联201开关的断路器保护，母线恢复正常运行方式。

b. 220kV母线恢复正常方式。

2）C站。

a. 退出201开关的断路器保护（RCS-923C）（注意退出过电流保护），恢复正式定值（不投）。投运结束需退出母联201开关的断路器保护，母线恢复正常运行方式。

b. 220kV母线恢复正常方式。

3）A站：退出201开关的断路器保护（CSC-122A-FA-G）（注意退出充电过电流保护），恢复正式定值（不投）。投运结束需退出母联201开关的断路器保护，母线恢复正常运行方式。

4）通知地调进行主变压器及以下设备投运工作。

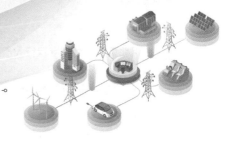

6 电力现货市场

6.1 电力现货市场基础知识

1. 电力市场的概念

电力市场是基于市场经济原则，实现电力商品交换的电力工业组织结构、经营管理和运行规则的总和。

2. 电力市场交易定义与分类

电力市场交易分为电力批发市场交易和电力零售市场交易。电力批发市场交易是指发电企业、售电公司、批发用户、新兴市场主体等开展的电力交易活动的总称；电力零售市场交易是指售电公司与其代理电力用户之间开展的购售电交易。

3. 电力批发市场

现阶段，电力批发市场采用电能量市场与辅助服务市场相结合的市场架构。其中电能量市场包含中长期电能量市场和现货电能量市场，辅助服务市场主要为集中竞价的调频辅助服务市场。

4. 电力零售市场

售电公司从批发市场购电，向签约的零售用户售电。

5. 中长期电能量市场

发电企业、电力用户、售电公司、新兴市场主体等，通过双边协商、集中交易等市场化方式，开展多年、年、季、月、旬（周）、日以上等电力交易。

6. 现货电能量市场

省间现货电能量市场，按照《省间电力现货交易规则（试行）》（国家电网调〔2021〕592号）执行；省内现货电能量市场包括日前电能量市场、日内机组组合调整和实时电能量市场，按照"全电量竞价、集中优化出清"的方式，以全社会用电成本最小为目标，考虑电网安全约束条件，通过集中优化计算，确定机组组合、分时发电出力曲线和分时节点边际电价。现货市场一般具备以下特征：

131

（1）现货市场是竞争性市场，交易双方按照交易规则，集中在特定的交易平台达成交易，即采取集中竞价的方式确定电能交易数量和价格。

（2）现货市场具有实物交易的属性，交易双方均有完成实物交割的意图。

（3）交易周期要尽可能短，一般是日或者更短的周期，但由于技术和效率的缘故，最短不小于5min。

（4）交易与交割是分别完成的，电力现货市场不需要市场主体的交易与交割一一对应。

7. 电力辅助服务市场

电力辅助服务市场是遵循市场原则对提供电力辅助服务的主体因提供产品或服务发生的成本进行经济补偿的一种市场机制，包括与有功功率平衡相关的调频、备用等辅助服务品种。

8. 电力市场模式

电力市场模式通常是指电力市场的组织模式，包括集中式和分散式两种电力市场模式。

集中式电力市场是主要以中长期差价合约管理市场风险，配合现货交易采用全电量集中竞价的电力市场模式。

分散式电力市场是主要以中长期实物合同为基础，发、用电双方在日前阶段自行确定发、用电曲线和部分机组启停状态，偏差电量通过日前、日内、实时平衡交易进行调节的电力市场模式。

9. 电力市场用户分类

电力市场用户分为批发用户、零售用户和电网代理购电用户。批发用户可直接参与批发市场交易；零售用户参与零售市场交易，在同一时期内只能与一家售电公司进行交易；电网代理购电用户为暂未直接从电力市场购电的工商业用户，由电网企业通过市场化方式代理购电。

10. 电力市场交易周期

中长期电能量市场以多年、年、季、月、旬（周）、日以上等为周期开展，现货电能量市场以日和实时（15min）为周期开展，调频辅助服务市场以日和实时为周期开展。

11. 现货价格形成机制

目前国内外的主要电力现货出清价格形成机制采用边际出清价格机制，主要包括系统边际电价、分区边际电价和节点边际电价等具体价格形成机制。

系统边际电价是指在现货电能量交易中，按照报价从低到高的顺序逐一成交电力，使成交的电力满足负荷需求的最后一个电能供应者（称之为边际机组）的报价。

分区边际电价是按阻塞断面将市场分成几个不同的区域（即价区），区域内所有的机组用同一个价格，即分区边际电价。

节点边际电价是指计算特定的节点上新增单位负荷所产生的新增发电边际成本、输电阻塞成本和损耗。

6.2 河北南网电力现货市场组织环节

河北南网日前市场采用全电量竞价、集中优化出清的方式开展。电力调度机构通过技术支持系统，基于市场主体申报信息及运行日的电网运行边界条件，以全社会用电成本最小化为目标，采用安全约束机组组合（SCUC）程序、安全约束经济调度（SCED）程序进行出清。现阶段，电力批发用户（售电公司）参与现货交易时，采取"报量不报价"的方式，其申报的用电需求曲线参与日前电能量市场出清。全电量参与中长期交易的新能源电站以"报量报价"的方式全电量参与现货市场；按一定比例参与中长期交易的新能源电站报量报价，按既定比例参与现货市场出清。独立储能等新兴市场主体初期采取"报量不报价"的方式参与现货交易，在满足电网安全运行和新能源优先消纳的条件下优先出清，并接受现货市场价格。

运行日（D）为执行日前电能量市场交易计划的自然日，每15min为一个交易出清时段，每个运行日含有96个交易出清时段。竞价日为运行日前一日（D-1），竞价日内由发电企业、批发用户（售电公司）和独立储能等新兴市场主体进行交易申报，并通过日前电能量市场出清形成运行日的交易结果。下面介绍其组织环节。

1. 边界条件准备

电力调度机构在日前市场交易申报前，确定运行日电网运行边界条件，作为日前市场出清的约束条件。

2. 事前信息发布

竞价日交易前，市场运营机构通过电力交易平台向市场主体发布运行日的相关信息。

3. 必开机组通知

在运行日受电网安全约束的必开机组，由电力调度机构在竞价日事前信息发布截止时间前通知相关机组，必开机组需提前做好开机准备，确保在运行日能够正常开机运行。

4. 市场主体信息申报

竞价日交易申报截止时间前，参与日前市场交易的市场主体需通过电力交易平台申报交易信息。现阶段，常规能源发电企业以发电机组为单位申报机组电能量报价曲线等信息；全电量和按一定比例参与现货市场的新能源电站申报次日96点发电预测曲线及报价信息，不参与市场的新能源电站申报次日96点发电预测曲线、不申报价格；独立储能等新兴市场主体申报次日96点充/放电（发/用电）曲线、不申报价格；批发用户（售电公司）申报次日96点用电需求曲线、不申报价格，参与市场出清，并作为其自身参与日前电能量市场结算依据。

5. 申报数据审核

市场主体提交申报信息后，市场运营机构对申报信息进行审核和处理。市场主体申报信息、数据应满足规定要求，电力交易平台和调度运行技术支持系统根据要求自动进行初步审核，初步审核不通过的将不允许提交，直至符合申报要求。

6. 机组参数运行日前重大调整

日前市场申报结束后至运行日前，当发电机组的物理运行参数与日前市场相比发生较大变化时，发电企业须及时通过调度运行技术支持系统进行报送，经电力调度机构审核确认后生效。

7. 市场力检测

为避免具有市场力的发电机组操纵市场价格，需进行市场力检测。通过市场力检测的发电机组电能量报价被视为有效报价，可直接参与市场出清，未通过市场力检测的发电机组采用市场力缓解措施处理后，可参与市场出清。

河北南网实时市场基于日前电能量市场封存的发电机组申报信息，根据实时电网运行边界条件，以全社会用电成本最小化为优化目标，采用安全约束经济调度（SCED）算法进行全电量集中优化计算，出清得到实时市场交易结果。电力调度机构在系统实际运行前15min开展实时市场交易出清，滚动连续出清未来2h市场交易结果。

6.3 河北南网电力现货市场出清机制

1. 日前市场出清机制

河北南网市场运营机构通过技术支持系统，基于市场主体申报信息及运行日的电网运行边界条件，采用安全约束机组组合（SCUC）、安全约束经济调度（SCED）程序进行优化计算，出清得到日前市场交易结果。

民用热电联产、必开机组、有出力要求的性能试验（调试）机组、最小连续开机时间内机组、处于开/停机过程中的机组和其他特殊机组在日前市场出清计算过程中，按照《河北南部电网现货电能量市场交易实施细则》的规定确定中标电量和价格。

河北南网日前市场采用节点边际电价定价机制。日前市场出清形成每15min的节点边际电价为该时段日前市场价格。竞价日日前市场出清后，电力调度机构出具运行日的日前市场交易出清结果，通过电力交易平台向市场主体发布。

2. 实时市场出清机制

河北南网实时市场采用节点边际电价定价机制。实时市场出清形成每15min的节点边际电价为该时段实时市场价格。实时市场采用事前定价方式进行结算，即结算价格为实时市场的事前出清价格，发电企业结算电量为实际上网电量，用户结算电量为实际用电量。

电力调度机构将实时电能量市场每15min出清的发电计划通过调度运行技术支持系统下发至各发电机组。实时市场电价以15min为单位发布。

临时新增开机机组、实时市场中处于开/停机阶段的机组、临时出现故障的机组等特殊机组在实时市场出清计算过程中，按照《河北南部电网现货电能量市场交易实施细则》的规定确定中标电量以及价格。

3. 调频辅助服务市场出清机制

河北南网调频辅助服务市场在日前现货市场机组组合确定后开展。电力调度机构在运行日日前依据调频辅助服务市场需求、调频服务供应商（火电企业、新兴市场主体等）的申报数据、历史调频性能指标等，采取集中竞价、边际出清的组织方式，确定次日系统所需的调频机组序列。调频机组中标后，需预留一定比例的上下调节容量，剩余发电空间依据机组报价按照现货市场出清规则确定日前发电计划曲线。调频等辅助服务的具体交易和结算办法按《河北南部电网辅助服务市场交易实施细则》执行。

6.4 河北南网电力现货市场结算方法

电能量费用实行"偏差结算"，计算公式如下：

市场化电能量费用＝中长期合约电费＋日前市场偏差电量电费
＋实时市场偏差电量电费 （6-1）

中长期合约电费＝合约分时电量×合约约定价格 （6-2）

$$日前市场偏差电费 = （日前中标电量 - 中长期合约电量）$$
$$\times 日前市场结算价格 \tag{6-3}$$

$$实时市场偏差电费 = （实时上网电量 - 日前中标电量）$$
$$\times 实时市场结算价格 \tag{6-4}$$

批发市场结算周期采用"日清月结"的模式。即按日进行交易结果清算，生成日清算临时账单；按月进行交易电费结算，生成月结算账单，并向市场主体发布。零售市场以月度为周期结算，即按月进行零售市场电量、电费结算，生成月结算账单，并向市场主体发布。

市场主体结算电价最小单位时间，中长期电能量市场的结算电价，原则上最小单位时间为1h；现货电能量市场以1h为结算电价单位时间；发电侧每小时的节点电价等于该时段内每15min节点电价的算术平均值，用电侧每小时的电价等于所有发电侧每小时节点电价的加权平均值。

除此之外，还有必开机组补偿费用、机组启动费用、机组空载费用等机组补偿费用、调频辅助服务市场费用、发用两侧差额资金、发用两侧中长期交易偏差收益回收、退补联动电费等不平衡资金，按照《河北南部电网电力市场结算实施细则》的规定结算。

6.5　电力现货市场技术支持系统

1. 省间电力现货市场技术支持系统

省间电力现货市场每2h组织一次，全天不间断，交易结果执行并结算。

（1）系统登录。省间电力现货市场系统登录界面如图6-1所示。在登录界面输入个人账号、密码后点击登录，之后点击"省间现货"，即可进入交易界面。

图6-1　省间电力现货市场系统登录界面

（2）数据准备（T-120min前）。省间电力现货市场系统数据准备界面如图6-2所示。

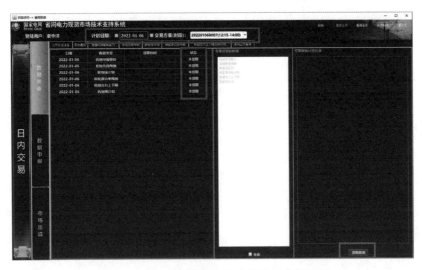

图 6-2　省间电力现货市场系统数据准备界面

1）核实"计划日期、交易方案（时段）"无误。

2）点击右下角"数据提取"按钮，左上角"系统负荷预测"等5项信息状态由"未提取"变为"提取成功"。

3）"数据准备"页同时部署多项功能页签，对"负荷、新能源"等预测信息、"市场主体最大可申报电力"等信息浏览、确认、校正，无误后发送至交易中心。

（3）数据申报（作为卖方）。

1）机组申报量价。省间电力现货市场系统数据申报界面如图6-3所示。

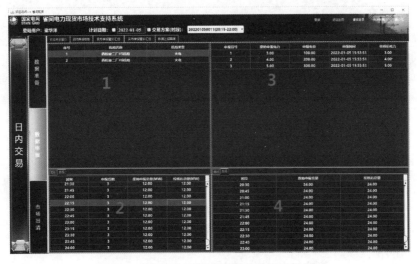

图 6-3　省间电力现货市场系统数据申报界面

图6-3的页面为卖方市场主体申报的分时"电力-价格"曲线展示页。具体介绍如下：

模块1：展示已完成售电电力申报的火电厂机组和新能源场站列表。

模块2：点击模块1中任一机组或新能源场站，分"图形、表格"两种形式展示其申报的量价信息。"图形"栏展示其申报的各时段电力总加曲线。"表格"栏展示各时段其申报的段数以及各时段电力总加值。

模块3：点击模块2"表格"页中任一时刻点，详细展示此时段其申报的分段"电力-价格"详情，包括申报段数、各段申报电力与申报电价。

模块4：分"图形、表格"两种形式展示所有卖方主体申报的各时段售电电力总加值。

2）日内申报校核。省间电力现货市场系统日内申报校核界面如图6-4所示。

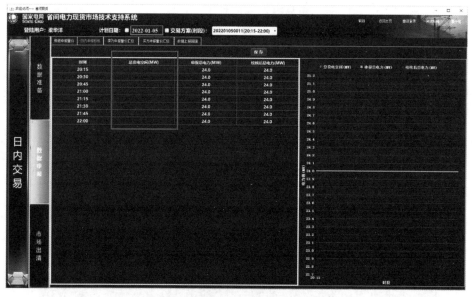

图 6-4　省间电力现货市场系统日内申报校核界面

图6-4所示的界面为日内申报校核页，"总卖电空间"支持调度员批量设置，当人工设置值小于卖方主体"申报总电力"时，系统自动按照"价格优先"原则对市场主体申报电力进行削减。

3）卖方申报量价汇总。省间电力现货市场系统卖方申报量价汇总界面如图6-5所示。

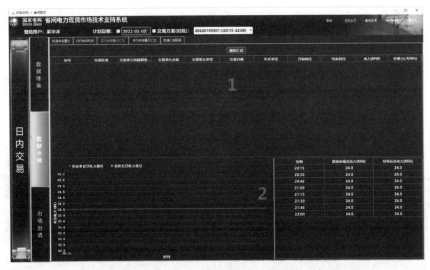

图 6-5 省间电力现货市场系统卖方申报量价汇总界面

图 6-5 所示为所有卖方主体申报的分时"电力-价格"售电信息汇总页，分为两个区域。具体如下：

区域 1：将各个卖方主体申报的各时段"电力-价格"曲线按照"价格相同电力叠加"原则进行整合，形成河北南网作为一个整体卖方节点，向国调中心上报的河北南网各时段"电力-价格"售电信息，包括每个时段不同售电价格及其对应的售电电力，节点价格形成原理如图 6-6 所示。

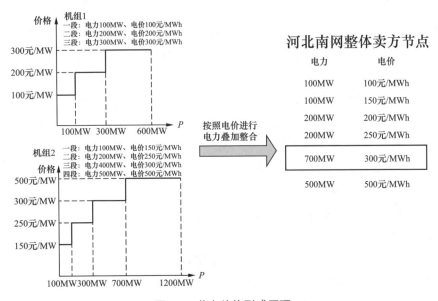

图 6-6 节点价格形成原理

区域2：分"曲线"和"列表"两种形式展示河北南网整体卖方节点分时售电电力总加值。

（4）数据申报（作为买方）。

1）买方申报量价汇总。省间电力现货市场系统买方申报量价汇总界面如图6-7所示。

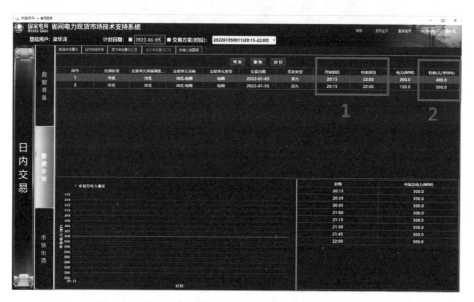

图 6-7 省间电力现货市场系统买方申报量价汇总界面

图6-7所示界面为买方申报分时"电力-价格"购电信息页，其功能如下：①功能1：支持相同"开始与结束时间"最多5段电力值申报；②功能2：支持各个时段购电价格申报。

2）数据上报国调。省间电力现货市场系统数据上报国调界面如图6-8所示。图6-8界面为购、售电信息上报国调页。值班调度员对买卖双方申报信息审核无误后，点击右下角上报文件，成功后接收国调回执信息。

（5）市场出清。以1月4日20:15—22:00，河北作为买方中标辽宁、蒙东售电电力为例进行说明。

1）联络线通道出清结果。省间电力现货市场系统联络线通道出清结果界面如图6-9所示。

图6-9所示的界面中，区域1包括辽宁送河北、蒙东送河北及其汇总值（河北作为买方或卖方，其最终交易结果执行均通过"河北京津唐"省间断面送受电计划调整）。区域2展示各个通道各时段成交电力值。

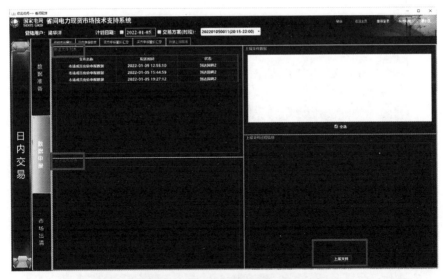

图 6-8　省间电力现货市场系统数据上报国调界面

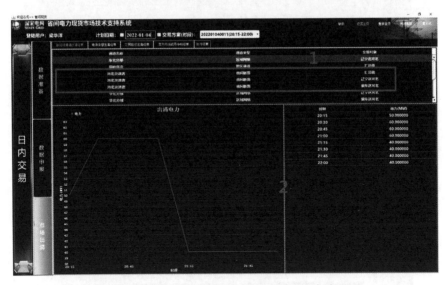

图 6-9　省间电力现货市场系统联络线通道出清界面

2）电源类型出清结果。省间电力现货市场系统电源类型出清结果界面如图6-10所示。

图6-10所示的界面用于展示河北作为买方或卖方各时段最终成交电力值，此页面展示内容作为联络线送受电计划调整依据。

3）交易路径出清结果。省间电力现货市场系统交易路径出清结果界面如图6-11所示。

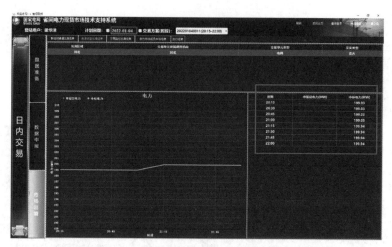

图 6-10　省间电力现货市场系统电源类型出清界面

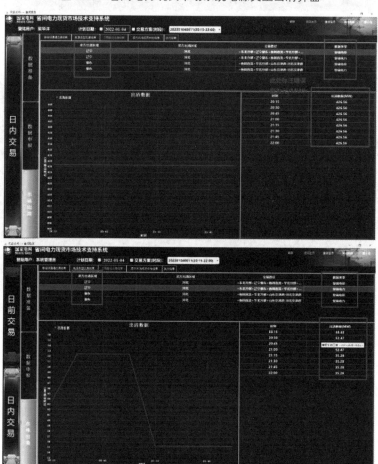

图 6-11　省间电力现货市场系统交易路径出清界面

图6-11所示的界面用于展示买卖双方各时段成交电力与成交电价。其中，辽宁送河北，成交电价426.56元/MWh、成交电力最大52.47MW；蒙东送河北，成交电价479.38元/MWh，成交电力最大164.66MW。

4）卖方市场成员中标结果。省间电力现货市场系统卖方市场成员中标结果界面如图6-12所示。

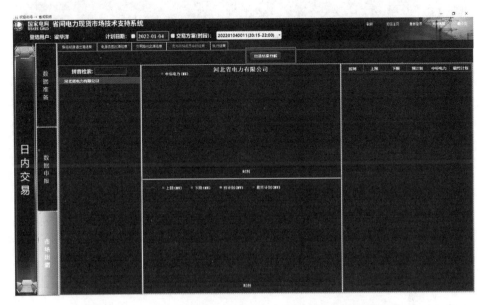

图 6-12 省间电力现货市场系统卖方市场成员中标结果界面

图6-12所示的界面用于分解展示河北南网所有参与售电申报的卖方市场成员最终中标结果。点击"出清结果分解"，将各时段出清电力值分解到每一台中标机组或每一座新能源场站。

（6）交易结果执行。交易结果支持"一键"发送至调度计划系统对联络线计划进行修改。

2. 河北南网电力现货市场技术支持系统

河北南网电力现货市场技术支持系统是河北新一代调度技术支持系统重要的子系统之一，是电力市场化条件下电网运行组织的基础。实现与中长期市场有机衔接，完成现货市场中日前、日内、实时和辅助服务市场的滚动出清与安全校核，支持"统一市场、两级运作、多级调度"的运行模式，满足中国特色电力现货市场体系建设需要，河北南网电力现货市场技术支持系统主界面如图6-13所示。

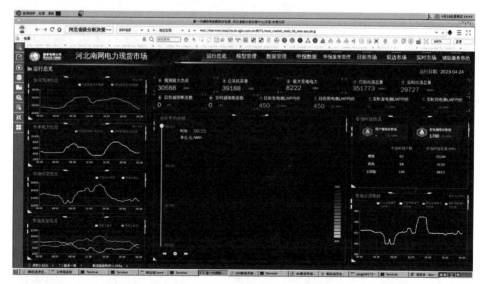

图 6-13　河北南网电力现货市场技术支持系统主界面

　　河北南网电力现货市场技术支持系统主界面包括运行总览、模型管理、数据管理、申报发布管理、日前市场、双边市场、实时市场、辅助服务市场等9个模块。基于电网运行数据、预测类数据、检修类数据及安全校核结果数据，按照调度计划编制原则或市场运行规则，根据市场主体申报数据，通过安全约束机组组合、安全约束经济调度算法形成满足电网安全约束要求的发用侧对象多周期计划结果或市场出清结果。有效支撑"统一市场、两级运作"的工作机制，保障现货市场高效运行。

　　河北南网电力现货市场技术支持系统可以满足日前市场和实时市场的以下各个运行阶段的功能需要。

　　（1）日前市场阶段。

　　1）日前信息发布。完成运行日系统负荷预测、日前联络线预计划、机组群最小开机约束制定；发布系统负荷预测、新能源出力预测、日前联络线预计划、机组群最小开机约束等市场运行边界信息。

　　2）开展市场预出清。组织开展省内电力现货市场预出清，确定电力平衡缺口、省内火电机组组合和预出力、新能源消纳能力，作为参加省间电力现货市场边界条件。

　　3）开展市场主体申报核查。对市场主体申报量价曲线、出力约束等数据开展核查，确保申报数据满足市场规则和系统运行需求。

　　4）完成点对网机组计划编制。更新日前负荷预测，通过系统计算点对网机组出力预计划，开展预计划审核，提供次日系统运行旋转备用建议。

5）开展日前电力现货市场出清。组织完成日前电力现货市场金融出清，重点检查机组组合、机组出力、日前市场价格走势是否正常，是否出现过零点价格跳变问题。完成日前电力现货市场可靠性出清，重点检查机组组合、机组出力、可靠性出清价格走势与金融出清价格走势趋势是否正常，无误后通过交易平台发布日前金融出清结果。

6）发布可靠性机组组合。向计划处、调控处提供可靠性机组组合出清结果，通知相关电厂按市场出清结果开展机组启停。

（2）实时市场阶段。

1）实时市场准备。$D-1$日22:00，实时市场计算程序启动，开展D日00:00—02:00时段滚动出清。重点检查超短期系统负荷预测、新能源出力预测、联络线计划、点对网机组计划、固定出力机组计划是否正常，出清结果是否合理。

2）实时市场启动。D日00:00，实时市场正式运行，检查调频中标机组、电能量市场机组切换是否正常，机组出力调整期间电网运行、实时市场价格趋势是否平稳。

3）实时信息发布。检查机组实时中标结果是否正常下发，AGC下发指令是否与实时市场出清结果一致。

4）机组启停机管理。按照日前机组组合优化结果，安排机组计划启停，时间有偏差的可做记录，并观察实时市场出清结果是否正常。

5）电网运行调整。河北南网电力现货市场技术支持系统中设置了实时运行控制区模块。该模块从调度员操作习惯和使用需求出发，集成了边界条件、节点边际电价、市场供需比等监视画面和滚动偏差设置、一键爬坡、固定出力机组计划变更、机组出力限额维护等控制界面，真正做到了电网监视"一张图"和运行控制"一面屏"。自启用该模块以来，调度台实时平衡调整业务逐渐形成了"实时运行控制区-AGC"双层架构，实时运行控制区在前端提供监视与操作画面，AGC在后台实现机组指令计算与下发，在技术支持系统层面实现了现货市场运营与实时运行调整的平稳衔接。

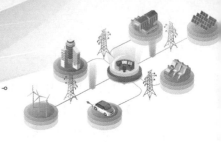

7 电网在线安全分析

7.1 在线安全分析概述与功能

7.1.1 安全稳定分析

电力系统安全稳定分析涉及安全性分析和稳定性分析两个方面。电力系统的安全性是指电力系统在运行中承受故障扰动（例如突然失去电力系统的元件，或短路故障等）的能力，通过两个特征来表征：①电力系统能承受住故障扰动引起的暂态过程并过渡到一个可接受的运行工况；②在新的运行工况下，各种约束条件得到满足。

安全性分析分为静态安全分析和动态安全分析。静态安全分析假设电力系统从事故前的静态直接转移到事故后的另一个静态，不考虑中间的暂态过程，用于检验事故后各种约束条件是否得到满足。动态安全分析研究电力系统从事故前的静态过渡到事故后的另一个静态的暂态过程中保持稳定的能力。

电力系统的稳定性是指电力系统受到事故扰动后保持稳定运行的能力。通常根据动态过程的特征和参与动作的元件及控制系统，将稳定性的研究划分为静态稳定、暂态稳定、小扰动动态稳定、电压稳定及中长期稳定。电力系统稳定性从关注的主要物理特征可分为功角稳定、频率稳定和电压稳定三大类。功角稳定表现为同步发电机受到扰动后能够继续保持同步运行的能力；频率稳定是指电力系统受到严重扰动后，发电和负荷需求出现大的不平衡情况下，系统频率能够保持或恢复到允许的范围内，不发生频率崩溃的能力；电压稳定是指电力系统受到小的或大的扰动后，系统电压能够保持或者恢复到允许的范围内，不发生电压崩溃的能力。

对电力系统开展安全稳定分析，目的在于通过详细仿真计算和分析研究，确定系统稳定问题的主要特征和稳定水平，给出保证电网安全稳定运行的控制措施，提出提高系统稳定运行水平的控制策略。分析内容通常包括静态安全分析、短路电流分析、小干扰稳定分析、电压稳定分析、暂态稳定分析、稳定裕度评估和直流预想故障分析等。

7.1.2　在线安全分析

在线安全分析（dynamic security assessment，DSA）是实现大电网动态安全评估的核心技术。在线安全分析基于智能电网调度控制系统基础平台，获取实时数据和动态信息，综合利用稳态、暂态、动态多角度分析评估技术，实现安全稳定分析、稳定裕度评估和运行控制辅助决策等功能，实现大电网运行的全面安全预警和多维多层协调的主动安全防御。

在线方式下的仿真计算，基于当前电网实时运行状态和数据，分析结果符合当前电网实际，避免了离线方式下仿真结果过于保守的问题，又能使方式计算人员从繁重的计算工作中解脱出来，这对电网日常运行与控制具有重要意义。稳定分析计算的发展历程如图7-1所示。

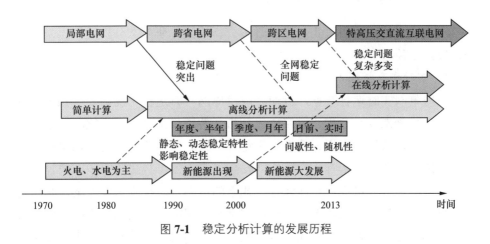

图 7-1　稳定分析计算的发展历程

国家电网公司在线安全分析及辅助决策系统属于智能电网调度技术支持系统实时与监控类应用，在线安全分析功能在调度技术支持系统中的位置如图7-2所示。系统建设遵循"统一分析，分级管理"原则，支持实时态分析、研究态分析和未来态分析三种应用模式。采用统一计算数据，各级调度负责调度管辖电网内的安全稳定分析任务，分析结果实现全网共享，同时根据需要开展在线联合分析工作。

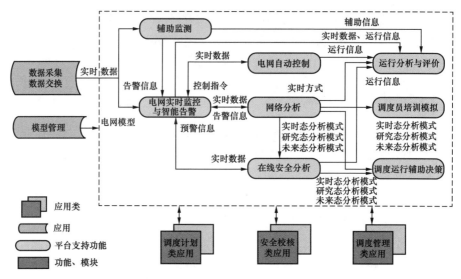

图 7-2　在线安全分析功能在调度技术支持系统中的位置

7.1.3　在线安全分析应用模式

在线安全分析应用模式包括实时态分析模式、研究态分析模式、未来态分析模式三种。

1. 实时态分析模式

采用电网实时运行数据，自动完成对电网实时运行工况的安全扫描，分析内容包括静态安全分析、短路电流分析、暂态稳定分析、小扰动动态稳定分析、静态功角稳定分析、静态电压稳定分析、频率稳定分析、稳定裕度评估和直流预想故障分析等，实现电网安全稳定性的可视化监视和在线辅助决策，向调度运行人员提供当前运行方式下的电网预防控制措施方案，给出稳定极限和调度策略，保障电网安全稳定运行。根据启动模式的不同，可将实时分析模式分为周期触发模式、事件触发模式和人工触发模式三类。其中周期触发模式的固定的时间间隔一般为15min或5min。

2. 研究态分析模式

选择调度运行人员关心的断面数据，对系统存在的静态、暂态和动态等问题做详细研究，寻找系统静态、暂态、动态等安全稳定问题的成因，研究解决问题的根本方法，达到在当前运行状态下优化系统运行、提高系统安全、稳定、经济运行的目的。

3. 未来态分析模式

可根据电网当前运行情况，结合超短期负荷预测、检修计划、发电计划等数据，生成未来态潮流，超前进行安全分析、预估电力系统稳定性问题和发展趋势，实现未来态预警并提供相应的辅助决策信息，实现从传统的事故告警向预警的新模式转变，对保障电网安全稳定运行具有重要意义。

研究态分析模式、未来态分析模式与实时态分析模式的基本功能相同，差别在于启动周期不同。

7.1.4 在线安全分析功能模块

1. 数据整合

通过整合状态估计结果、稳态监控数据、日内计划数据和计算参数等信息，进行数据校验，生成在线分析应用所需要的计算数据，形成准确合理的电网运行工况，为各类稳定分析应用提供在线整合潮流数据。

计算数据方面，遵循"源端维护，计算数据统一下发"原则，省级以上调控机构使用国调中心统一下发的全网计算数据。

2. 静态安全分析

静态安全分析基于在线整合的电网潮流数据，进行全网交流设备 N-1 开断故障、直流闭锁类故障或其他预想故障后的潮流计算，检查其他元件是否因此过负荷和母线电压是否越限，还应支持检查基态潮流是否存在元件过负荷和母线电压越限。静态安全分析假定故障后系统再次进入稳定状态，对其进行潮流计算，根据潮流结果评估各监视设备的过载情况。静态安全辅助决策功能根据静态安全分析的计算结果，对越限设备进行灵敏度分析，按给定策略给出满足静态安全约束的调整方案。静态安全分析导引图如图7-3所示，图中给出了各类过载情况下相关的过载信息。

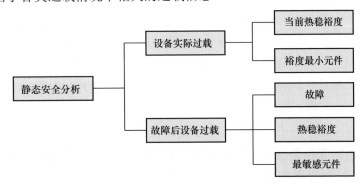

图 7-3 静态安全分析导引图

3. 暂态稳定分析

暂态稳定分析根据暂态稳定分析故障集，对电网进行详细的时域仿真计算，分析电力系统受到大干扰后各同步发电机保持同步运行并过渡到稳态运行方式的能力，并给出暂态功角稳定性、暂态电压稳定性和暂态频率稳定性等安全分析结果并按严重程度排序。针对暂态稳定隐患，按给定策略给出满足暂态稳定约束的调整方案。通过对仿真曲线进行数据挖掘，给出每个预想故障的暂态功角稳定裕度和主导模式、暂态电压和频率安全稳定裕度和主导模式，为调度员提供在线监视暂态电压和频率安全稳定水平的手段。暂态稳定分析功能导引图如图7-4所示。

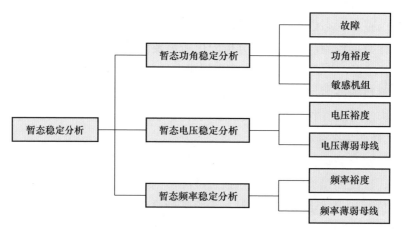

图7-4 暂态稳定分析功能导引图

4. 静态电压稳定分析

静态电压稳定分析基于电网实时运行数据，分析电力系统受到小扰动后各负荷节点维持原有电压水平的能力。目前实用化的电压稳定分析程序基本采用了静态分析方法，包括P-V曲线法、灵敏度分析法、潮流多解法、雅可比矩阵奇异法等。在线静态电压稳定分析主要采用P-V曲线法，该方法在指定输电断面数据和潮流调整方式的基础上，逐渐增加传输功率直至系统临近电压崩溃，根据不同功率调整量和指定区域电压绘制P-V曲线，得到各断面对应的静态电压稳定裕度。

静态电压稳定分析分为实际电压稳定分析和故障后电压稳定分析，给出电压的稳定裕度和裕度最小的敏感元件，同时给出相应的故障信息，静态电压稳定分析功能导引图如图7-5所示。

5. 小扰动态稳定分析

小扰动动态稳定分析主要分析电网受到小扰动后，在自动调节和控制装置的作用下保持运行稳定的能力，判断断面潮流的动态稳定性。小扰动动态稳定分析功能应分析计算全网振荡模式和阻尼比，并从中筛选出最关键的若干主导振荡模式，给出当前运行方式下系统存在的低频振荡模式，给出阻尼比、振荡频率和参与元件等信息，得出电网小扰动动态稳定分析的结论，在系统出现弱阻尼或负阻尼的情况时，按给定策略给出满足小扰动动态稳定约束的调整方案，小扰动动态稳定分析功能导引图如图7-6所示。

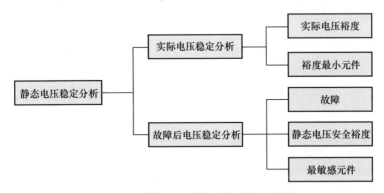

图 7-5　静态电压稳定分析功能导引图

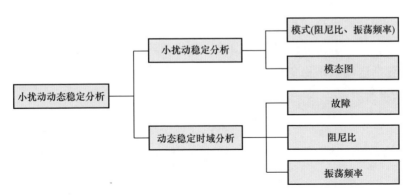

图 7-6　小扰动动态稳定分析功能导引图

6. 短路电流分析

短路电流分析基于实时电网运行工况和网络拓扑信息，计算系统发生各种短路故障后的故障电流和电压分布，校验相关断路器开断能力是否满足要求。短路电流计算通过先求解网络节点导纳矩阵，再根据指定的短路节点，求取该节点在阻抗矩阵中对应的一列元素，该列阻抗元素包含节点的自阻抗和与全网其他节点之间的互阻抗，由此可以求出该节点的短路电流、全网其他节点的短路电压及其他支路的短路电流。

短路电流分析包括实时运行情况下短路电流分析和故障后短路电流评估，

短路电流分析功能导引图如图7-7所示。

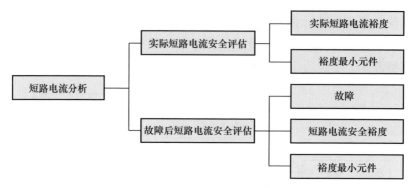

图 **7-7** 短路电流分析功能导引图

7. 频率稳定分析

频率稳定分析基于在线整合的电网潮流数据，分析直流闭锁、电厂全停等严重故障发生后，系统频率保持或恢复到允许范围内、不发生频率崩溃的能力，并给出电网频率变化曲线以及安全自动装置、系统保护等动作信息。在系统出现频率失稳或异常时，频率稳定分析给出满足电网频率稳定要求的调整方案，如发电机启停及出力调整、负荷调整、直流功率调整等。频率稳定分析包括送端频率稳定分析和受端频率稳定分析，频率稳定分析功能导引图如图7-8所示。

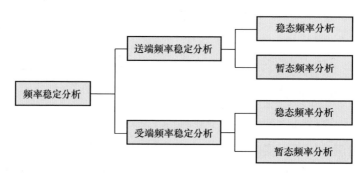

图 **7-8** 频率稳定分析功能导引图

8. 稳定裕度评估

稳定裕度评估针对预先指定的或自动识别出的薄弱断面，在保证全系统发电—负荷整体平衡的前提下，通过改变发电和负荷的分布，求取满足各类稳定要求的输电断面极限功率。计算得到的满足各类安全稳定约束的断面潮流最大值即是输电断面最大可用输送功率，并计算相应的稳定裕度，可以应用于实时监控、检修计划安排、发电安排等多个方面，为电网运行操作提供依据，稳定裕度评估应用功能模块及数据逻辑关系如图7-9所示。

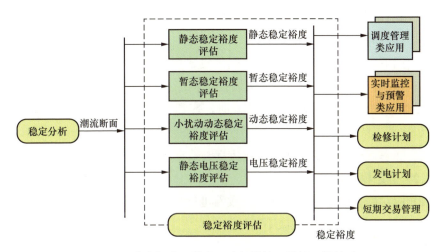

图 **7-9**　稳定裕度评估应用功能模块及数据逻辑关系

7.2　在线安全分析工作流程

7.2.1　在线分析工作基本原则

（1）遵循"计算数据统一下发"原则。省级以上调控机构原则上应使用国家电力调度控制中心（简称国调中心）统一下发的全网计算数据。华东、东北、西北、西南区域各网调、各省调在进行仅涉及本级及以下调管范围内的电网在线分析时，可使用所在区域网调下发的计算数据。

（2）遵循"统一分析，分级管理"原则。省级以上调控机构采用统一的计算数据，负责各自调管范围内的在线分析任务，分析结果全网共享。

（3）遵循"专业分工明确、各司其职、协同推进"原则。省级以上调控机构应成立以调控中心分管领导为组长、相关专业参与的专项工作组，持续完善调控中心内部在线分析工作管理机制，细化专业分工，强化工作协同，提升电网安全运行保障能力。

（4）遵循"鼓励闭环应用"原则。省级以上调控机构应统筹推进静态安全分析、短路电流分析等功能的实际应用，制定实施细则，结合实际情况开展闭环应用。

7.2.2 在线分析数据维护

1. 静态模型维护

静态模型包含设备命名、静态参数、拓扑连接关系等。正常状态下静态模型使用增量更新。必要时，可由上级调控机构组织进行全模型更新。

（1）静态模型维护工作要求。

1）网调、省调对调管范围内电网的设备参数，应以实测报告或设备铭牌为准。存在异议时，应及时向上级调控机构汇报，不得擅自修改国调下发的静态模型。确需对静态模型进行修改时，应通报国调、上级调度及数据维护团队和技术支持团队。

2）静态模型维护由自动化专业负责，数据维护团队协助。

（2）静态模型校验要求。

1）应对静态模型的完整性和一致性进行校验。检查当前静态模型中网络拓扑结构是否存在设备缺失或不匹配。

2）应对静态模型的设备参数和相关数据进行校验。检查设备参数/基值、线路/主变压器限值、母线电压上下限正确性及合理性。

3）静态模型校验由自动化专业负责。

2. 动态模型维护

动态模型包括动态参数、安全自动控制装置策略、稳定限额以及故障集。正常状态下动态模型使用增量更新。必要时，可由上级调控机构组织进行全模型更新。

（1）动态模型维护工作要求。

1）动态模型维护实行修改、确认、发布的流程化管理。

2）动态模型中涉及当前电网设备信息的，应与静态模型中的设备信息一一对应。

3）安控及自动装置策略、断面限额应遵从统一的描述和交换标准，相关标准由国调另行制定。

4）故障集包括公共故障集及自定义故障集。公共故障集分为国调公共故障集、网调公共故障集，分别由国调、网调指定（上级调控机构公共故障集供下级调控机构参考，下级调控机构可向上级调控机构申请调整公共故障集）。自定义故障集由调控机构自行维护。

5）系统运行专业应确保动态模型内部数据关系正确，确保故障集、断面限额、安控及自动装置策略与模型匹配。

6）系统运行专业应确保公共故障集中故障参数正确合理，断面裕度调整方案（包括开停机顺序、负荷调整顺序和断面功率增长方式）正确。

7）安全分析工程师应配合系统运行专业维护公共故障集，并根据天气及电网方式变化等电网实际情况调整自定义故障集。

8）动态模型维护由系统运行专业、自动化专业负责，数据维护团队协助。

（2）动态模型校验要求。

1）应对动态模型完整性和参数合理性进行校验。检查动态模型中各类参数齐备且在正常合理范围内，无扰动稳定计算平稳。

2）应对动态模型与静态模型描述设备和参数的一致性进行校验。检查两者的设备对应差异、元件命名一致性（或映射关系完整性）、基值和参数的差异。

3）动态模型校验由系统运行专业负责。

3. 预测类数据维护

预测类数据应包含未来时段（至少为未来4h）内联络线计划、发电计划、设备停复役计划、系统负荷及母线负荷预测、稳定断面定义等数据。

（1）预测类数据维护工作要求。

1）预测类数据应保证有效性、合格性和准确性。

2）各网调、各省调上报的发电计划，应对调管范围内220kV以上新能源并网点实现全覆盖。

3）校验未通过的预测类数据，应由安全分析工程师进行人工修正，确保后续潮流计算的收敛性。

4）预测类数据中，日内联络线计划、日内发电计划、日内系统负荷及母线负荷预测数据维护由调度运行专业负责；日前联络线计划、日前发电计划、设备停复役计划、日前系统负荷及母线负荷预测数据维护由调度计划专业负责；新能源预测类数据维护由新能源专业负责，未设置新能源专业的单位，相关工作由调度计划专业负责。

（2）预测类数据校验要求。

1）应对预测类数据的有效性进行检查。对各单位周期上报的日内计划数据的检修计划重复报送率、发电计划重复报送率、母线负荷预测重复报送率进行校验评价。

2）应对预测类数据的合格性进行检查。对各单位周期上报的日内计划数据完整率、计划功率平衡率和停复役计划一致率进行校验评价。

3）应对预测类数据的准确性进行检查。对各单位周期上报的日内计划数据的系统负荷预测准确率、母线负荷预测准确率、联络线计划准确率进行校验评价。

4）预测类数据校验由调度运行专业负责，若发现问题，应及时通报新能源专业或调度计划专业。

4. 实时数据维护

实时数据包括实时采集数据和实时潮流数据。实时采集数据包含开关状态、各类设备电压、频率、有功功率、无功功率、变压器分接头位置、安全自动装置状态等。实时采集数据通信索引表由上级调控机构确定，省调实时采集数据由网调转发至国调中心。实时潮流数据包含设备拓扑连接关系、投运状态、潮流状态估计数据。国调整合形成全网实时潮流数据（含静态模型）的CIM/E文件、实时采集数据，以5min为周期逐级下发；网调、省调根据国调下发的全网实时潮流数据和增量更新后的静态模型，形成在线分析数据。

（1）实时数据维护工作要求。

1）实时数据应保证实时性和正确性。

2）对未采集或暂时不能修复的错误采集点（包括模拟量、开关、刀闸、变压器档位等），应进行人工置数，并确保置数准确、及时。

3）实时数据通信索引表应与静态模型同步维护。维护时应采取增量维护或全表导入方式，并校验实时数据通信索引表链路情况和报文内容。

4）实时数据的模型、拓扑关系、设备状态及潮流应确保完整准确。原则上不对直流或重要厂站进行等值。

5）实时数据维护由自动化专业负责。

（2）实时数据校验要求。

1）应对数据采集与监视控制系统（SCADA）遥信、遥测数据的合理性和正确性进行校验。检查遥信数据合理，遥测数据平衡（厂站、变压器、母线和线路首末端），支路功率、节点注入功率、节点电压和非设备量测数据在正常范围内。

2）应对状态估计的计算收敛性和结果正确性进行校验。检查状态估计结果收敛、潮流信息合理。

3）应对在线分析计算基础数据进行校验。检查潮流计算收敛情况、潮流结果与状态估计数据之间的偏差情况。

4）实时数据校验应保证每周至少抽查一次，由自动化专业负责。

7.2.3 在线分析工作内容

在线分析工作内容包括电网实时分析、电网预想方式分析、电网应急状态分析、电网未来态分析以及在线软件功能及数据异常处理，由安全分析工程师负责开展相关工作。

1. 电网实时分析

电网实时分析是指利用在线分析模块自动完成对当前电网运行方式的扫描，实现对当前电网运行方式的评估、告警和辅助决策。

（1）启动条件。电网实时分析以5min为周期开展，扫描故障应包括上级调控机构公共故障集中与本网有关的故障及自定义故障集。

（2）工作要求。

1）省级以上调控机构应按照调管范围开展实时分析，实现计算结果上传下发，确保计算结果共享。

2）安全分析工程师应密切监视实时分析结果及综合智能告警信息，对各类告警信息进行分析。告警信息仅涉及本调控机构管辖电网的，应及时予以处理；涉及其他调控机构的，应及时协调处理。

3）安全分析工程师应比对本机构SCADA采集遥信遥测量与国调中心下发的在线计算数据，使用自动分析工具核对在线系统中设备状态、重点断面潮流等。发现问题时应及时按照"功能及数据异常处理流程"处理。

2. 电网预想方式分析

电网预想方式分析是指利用在线研究态模块开展的计算分析。

（1）启动条件。

1）重大倒闸操作前、发受电计划大幅度调整前等情形。

2）出现特殊负荷日、特殊检修日、特殊气象日等方式。

3）进行电网风险分析，制定电网故障处置预案。

4）电网发生跨区跨省直流闭锁、220kV以上设备$N-2$同时跳闸后分析，并与电网实际运行状态（WAMS曲线等）进行比对。

5）实时分析、未来态分析中出现告警信息的情况。

6）现货交易系统、大电网运行指标体系等其他应用发出告警，需进一步分析时。

7）其他需进行预想方式分析的情况。

（2）工作要求。

1）省级以上调控机构应定期开展电网预想方式分析，做好计算结果同实际运行情况的比对，并形成计算分析报告。

2）预想方式分析的计算数据应确保潮流收敛、数据准确合理。计算数据应包含预想方式对应的故障集。

3）预想方式分析应有明确的评估结论和辅助决策建议，并给出解释说明，辅助决策手段应切实可行，计算结果异常时应及时反馈相关专业。

3. 电网应急状态分析

电网应急状态分析是指电网处于应急状态（运行方式遭到严重破坏时）下的在线分析。工作要求如下：

（1）电网运行方式严重破坏后，调度运行人员应依据相关规程进行故障处置，并同时启动应急状态分析，重点分析解决设备过载、提高系统稳定性的措施。

（2）当电网故障处置涉及多个调控机构时，可根据实际情况启动联合计算分析。

（3）电网故障处置结束后，应妥善保存计算数据，以供故障分析后评估使用。

4. 电网未来态分析

电网未来态分析是指基于当前电网潮流数据和日内联络线计划、日内发电计划、日内系统负荷预测及母线负荷预测等信息，生成未来多个时间断面的全网潮流方式，根据需要开展静态安全分析、短路电流分析等计算，实现对电网潮流变化趋势的评估、预警。

（1）启动条件。

1）周期启动：未来态分析应以15min为周期自动开展。

2）手动启动：当出现现货交易出清、联络线计划调整等电网方式变更时，安全分析工程师应手动开展。

（2）工作要求。

1）安全分析工程师应实时关注未来态分析所需数据的获取情况，确保当前电网潮流数据和预测类数据正确获取、未来态潮流收敛。各网调、各省调应确保上传国调中心数据的有效性、合格性和准确性。

2）安全分析工程师应密切关注未来态分析结果，当发现断面越限、系统失稳等异常后，应及时启动预想方式分析，确认结果准确后应及时采取措施进行预控。

3）电网未来态分析时段至少包含未来4h（数据间隔15min），对象应包含调管电网内全部主设备（含线路、主变压器等）及重要输电断面。

4）依托自动化手段，对未来态数据有效性、合格性和准确性进行滚动校验；校验未通过时应及时提示，由安全分析工程师通知数据维护团队处理。

5. 在线软件功能及数据异常处理

功能及数据异常指潮流不收敛、状态估计数据错误或偏差较大、各类参数有疑义、在线软件功能异常、智能电网调度控制系统异常等。安全分析工程师是异常填报的主要负责人，其他使用者发现数据或在线软件异常时，应及时告知安全分析工程师。进行异常处理时，调度运行、自动化、系统运行、新能源、调度计划专业应协同配合，调控机构间应信息共享，确保流程处理及时、高效和闭环。

7.3 典型在线安全分析案例

7.3.1 电网故障分析校核应用案例

以河北省沧州西部地区220kV赵章线掉闸后在线安全校核为例进行说明。

▶ **案例背景**

河北沧州西部电网220kV赵店、明珠、留古及华北油田任东站（用户站），正常方式下由220kV沧留线（沧西-留古）、章留线（章西-留古）、赵章线（赵店-留古）和任丘热电厂两台35万kW机组供电，此外220kV高赵线（高阳-赵店）在保沧电网220kV解环后，正常由保定电网高阳站充电运行。沧州西部电网接线简图如图7-10所示。

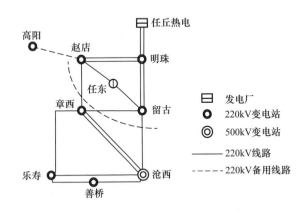

图7-10 沧州西部电网接线简图

▶ **事件起因**

2018年3月28日，220kV赵章线跳闸，试送成功后再次跳闸，短时无法恢复运行，造成沧州西部电网任丘热电厂（单机运行）带明珠、赵店、留古三站及任东站负荷（约65万kW）通过220kV沧留线、章留线与系统连接。

章留线线路型号为LGJ—2×240，环境温度25℃时最大允许电流为1220A。若再发生线路跳闸，220kV章留线可能过载，赵章线故障前沧州西部电网潮流分布如图7-11所示。

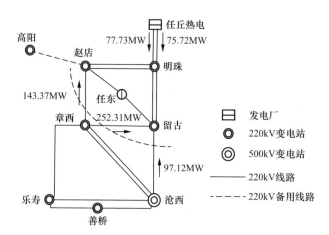

图 7-11　赵章线故障前沧州西部电网潮流分布

▶ **数据准备与方式调整**

选取2018年03月28日13:00断面进行计算，此时220kV赵章线跳闸且试送不成功。赵章线故障后沧州西部电网重要线路潮流分布如图7-12所示。

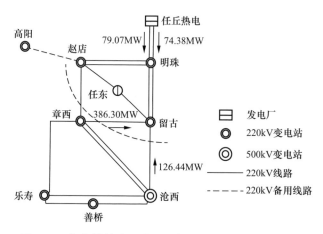

图 7-12　赵章线故障后沧州西部电网重要线路潮流分布

▶ **安全校核与风险评估**

（1）安全校核分析。静态安全分析结果显示，赵章线跳闸后，章留线存在*N*-1过载、*N*-2严重过载问题，沧州西部电网静态安全分析结果见表7-1。

表 7-1 沧州西部电网静态安全分析结果

故障元件名称	越限元件	负载率（%）
沧留线	章留线	106.05
任丘热电厂#1 发电机	章留线	102.32
沧留线+任丘热电#1 发电机	章留线	143.16

若沧留线和任丘热电厂#1 机组同时跳闸，章留线过载43.16%，严重超热稳极限，故障进一步发展，将造成沧州西部赵店、明珠、留古站及任东站全停，任丘热电厂全停，故障后任丘市（县级市）以及任东站所供油田重要用户全停，将构成"一般电网事故"。

（2）方式调整校核。为降低章留线 N-1 过载风险，优先升高任丘热电厂机组出力175MW。再次计算发现章留线在任丘热电厂#1 发电机跳闸后过载2.58%，随着区域负荷增长，过载程度将会进一步加剧。因此考虑将充电备用的220kV 高赵线恢复送电，增加该区域供电线路，降低线路负载率，沧州西部电网方式调整后接线简图如图7-13所示。

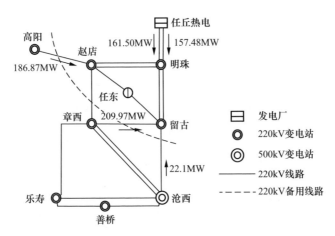

图 7-13 沧州西部电网方式调整后接线简图

因高赵线为保沧地区联络线，经计算合环后不存在短路电流超标问题，高赵线合环前后沧西、清苑变电站母线短路电流见表7-2。

表 7-2 高赵线合环前后沧西、清苑变电站母线短路电流

短路电流最大母线	合环前短路电流（kA）	合环后短路电流（kA）	遮断电流（kA）
清苑站/220kV 2A 母线	30.36	31.77	50.00
清苑站/220kV 2B 母线	38.72	39.60	50.00

续表

短路电流最大母线	合环前短路电流（kA）	合环后短路电流（kA）	遮断电流（kA）
沧西站/220kV 2A 母线	38.35	38.72	50.00
沧西站/220kV 2B 母线	33.86	34.15	50.00

上述方式调整后，经电网安全校核不存在静态安全分析 N-1 过载及重载现象。

▶ **实用化意义与经验总结**

220kV 赵章线跳闸后，调度员利用研究态进行电网静态安全分析和短路电流校核，根据校核结论先后采取紧急升起任丘热电厂机组出力175MW和将充电备用的 220kV 高赵线转运行两项措施，有效解决了章留线 N-1 过载问题，且不会造成短路电流超标和其他电网安全稳定问题，有力支撑了故障快速处置，保障了大电网安全稳定运行。

7.3.2　重大检修方式校核应用案例

以辛安站 500kV #2 母线停电电网风险分析校核为例进行说明。

▶ **案例背景**

500kV 辛安站是河北南网重要枢纽变电站，为"西电东送、南北互供"输电大动脉重要组成部分。辛安站 500kV #2 母线计划于2022年4月中旬停电检修，对河北邯郸地区供电结构造成较大影响。此案例针对停电期间电网风险开展在线安全校核，确定风险防控策略，优化方式安排，制定故障处置预案，有效避免了停电期间设备 N-1 过载风险，保障了电网安全运行裕度。

▶ **事件起因**

邯郸东部电网及周边区域电网简图如图7-14所示，220kV 电网通过 500kV 辛安站、官路站 5 台主变压器及 220kV 蔺紫线（500kV 蔺河站-220kV 紫山站）、夏武线（220kV 武安站-220kV 夏庄站）与周边电网相连，220kV 邯郸、邢台供电区分区运行，永沙双线、东恒线为邯邢分区充电备用联络线。

辛安站 3 台主变压器高压侧开关均无同串线路，500kV #2 母线停电期间，若 500kV #1 母线掉闸，将造成辛安站 3 台主变压器高压侧全停，潮流大幅转移至 220kV 电网，引发邯郸中东部 220kV 夏武、蔺紫等线路 N-1 过载。此方式下再发生 N-1 故障，部分设备可能严重过载掉闸，继而引发大面积停电风险。

河北省调利用在线工具开展安全校核，制定风险防控措施及故障处置预案。

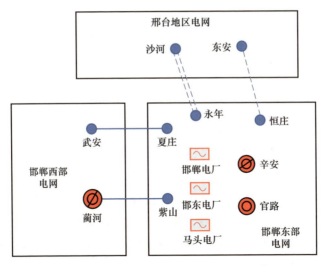

图 7-14　邯郸东部电网及周边区域电网简图

▶ **数据准备与方式调整**

结合近三年 4 月份负荷数据，预测辛安 500kV 母线停电期间全网最大负荷为 3350 万 kW，其中邯郸电网 550 万 kW。选取 2022 年 3 月 24 日晚高峰数据断面作为基础断面，充分考虑相关火电机组运行工况后，对所选区域机组方式进行适当调整后开展在线分析校核。

▶ **安全校核与风险评估**

（1）辛安站 500kV #2 母线停电期间机炉方式校核。利用上述选取的基础断面进行校核，无 N-1 过载问题。但上述断面中邯郸电网马头、邯东、邯郸三座供热电厂六台机组全开机方式运行，而 4 月供暖期结束，机组将陆续停运检修，调整三厂机炉方式后再进行分析校核。停运邯东、邯郸各一台机组，辛安站 500kV #1 母掉闸后 220kV 夏武线负载 94.7%，不过载；停运三台机组后，220kV 夏武线 N-1 最大过载 9.93%。因此，停电期间至少保证 4 台、117 万 kW 容量的机组运行。

（2）辛安站 500kV #2 母线停电期间 N-2 方式校核。辛安站 500kV #2 母线停电期间，辛安站 500kV #1 母线故障，将造成 220kV 夏武线、蔺紫线重载。此方式下再发生 N-1 故障，多个设备出现过载，最严重情况下 220kV 夏武线过载达 34.76%，可能造成线路掉闸继而引发邯郸东部电网大面积停电，须采取措施消除此风险。

考虑通过 220kV 东恒线合环、220kV 永沙双线合环、220kV 永沙一回线合环三种方案加强地区电网结构。通过在线校核，三种方案均可解决 N-1 严重过载问题，且短路电流未超标。但220kV东恒线合环后基态负载率110.95%，超设备最大运行过载能力；220kV永沙双线合环，邢台电网220kV沙和线、沙康线出现新的*N*-1过载；永沙Ⅰ线合环时，无基态和新增*N*-1过载问题。综合分析后确定采用永沙Ⅰ线合环策略，据此制定了辛安站500kV#2母线停电期间省地一体化故障处置预案。

▶ **实用化意义与经验总结**

电网春检预试期间，方式变化复杂，保障电网安全稳定运行和电力可靠供应责任重大，又由于受其他各种因素影响，发输电设备计划检修安排时有变动，大电网安全运行风险持续存在。此案例针对辛安站500kV#2母线停电期间电网风险开展全面分析校核，深化电网风险辨识，优化运行方式调整，完善风险防控应对策略，制定故障应急处置预案并应用于实际，进一步提升了在线安全分析的实用化水平，全力保障了电网安全稳定运行。

7.3.3 新设备投产校核应用案例

以河北南网220kV站年底前集中投产电网风险分析校核为例进行说明。

▶ **案例背景**

2021年底迎峰度冬、保暖保供关键时期，河北南网220kV多座变电站集中投产。为切实守牢电网风险防控底线，选取运行风险较大的220kV梅花站、顺河站，对投运前施工及整个投运过程进行推演校核，制定风险防控措施、优化投运方案并实际执行，确保了上述2座变电站圆满投运，保障了河北南网2021年新设备投产任务圆满收官。

▶ **事件起因**

220kV梅花站于2021年12月19日投产，投产后可有效增强邢台中部与东部电网的220kV联络，220kV梅花站周边区域电网简图如图7-15所示。投运前需进行220kV和梅线测参工作，因220kV沙和线与和梅线存在同塔区段需线路陪停，造成沙河站由220kV沙康线单线路供电，存在全停风险，220kV永沙双线（永年站-沙河站）为220kV邯郸、邢台供电分区的联络备用线路，可考虑将永沙Ⅰ线合环或沙河站母线分裂，以消除沙河站全停风险；投运过程中，220kV贾庄站、和阳站、东安站为单母线运行方式，存在全停风险；上述问题均需开展安全校核，确定最佳方式安排和风险防控措施。

220kV顺河站于2021年12月16日投产，投产后可有效解决衡水电厂送出受限问题和220kV衡水站单电源供电全停风险，220kV顺河站周边区域电网简图如图7-16所示。投运过程中，220kV衡水站、金寺站为220kV单母线运行方式，存在全停风险；投产后，根据离线计算结果，500kV武邑站将成为河北南网220kV母线短路电流水平最高的变电站，需重点校核其短路电流并制定应急处置策略，经初步分析，可采用衡水电厂停运1台机组、武顺双线断备一回、武邑站1台主变压器中压侧开关停运三种应急手段降低武邑站短路电流；上述问题均需开展安全校核。

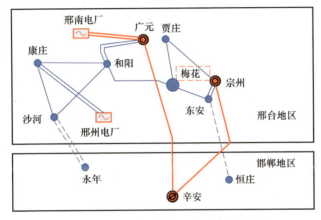

图 7-15 220kV 梅花站周边区域电网简图

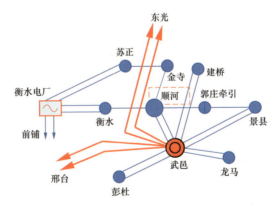

图 7-16 220kV 顺河站周边区域电网简图

河北省调安全分析师通过在线安全分析工具，对上述问题开展安全校核，制定风险防控措施、优化投运方案。

▶ **数据准备与方式调整**

220kV梅花站校核选取2021年12月17日晚高峰数据断面为基础断面，220kV顺河站校核选取2021年12月15日及12月25日晚高峰数据断面作为投运前后的基础断面，充分考虑度冬期间负荷走势及火电机组运行工况，分别对所选区域相关厂站、机组出力进行适当调整后开展在线分析校核。

▶ **安全校核与风险评估**

（1）220kV梅花站投产。通过在线分析工具，校核220kV永沙Ⅰ线合环后，电网无N-1过载风险，广元站220kV母线短路电流由42.63kA提高至46.18kA，在允许范围；220kV沙河站分裂方式下，负荷高峰时段若220kV蔺紫线掉闸，来永线将最大过载1.06%。综合比较上述两种方式，确定在220kV和梅线测参过程中采取220kV永沙Ⅰ线直接合环的方式。投运过程中，220kV贾庄站、和阳站、东安站单母线运行方式静态安全校核无基态、N-1越限问题。

（2）220kV顺河站投产。通过在线分析工具，投运过程中220kV衡水站、金寺站单母线运行方式静态安全校核无基态、N-1越限问题。顺河站投产后，武邑站220kV母线短路电流由45.34kA提高至48.82kA，超过遮断电流（50kA）的95%，裕度较低，应加强武邑站短路电流水平监视，做好超标后应急处置准备。通过在线校核，衡水电厂停运1台机组、武顺双线断备一回、武邑站1台主变压器中压侧开关停运三种手段分别可使武邑站220kV母线短路电流水平降低至47.98kA、47.32kA、43.58kA，均可有效降低武邑站短路电流水平，但武邑站1台主变压器中压侧开关停运后运行主变压器N-1负载达90.13%，负载较重；衡水电厂停运1台机组对短路电流水平的降低幅度最小，且在大负荷时段易造成电网旋转备用容量紧张；综合分析后确定采用武顺双线断备一回作为应急处置手段，据此制定了顺河站投产后武邑站220kV母线短路电流水平超标应急处置预案。

▶ **实用化意义与经验总结**

此案例对迎峰度冬、保暖保供关键时期河北南网220kV梅花站、顺河站投产开展在线安全校核，利用在线安全分析平台深化电网风险分析防控，校核优化投运方案；投运过程中实时开展监视校核，保障重点工程顺利投产；并对投产后短路电流水平等电网运行特性开展校核分析，制定应对策略，进一步提升了在线安全分析实用化水平。

7.3.4　在线特色试点功能应用案例

以基于静态安全、短路电流贯通功能的在线校核为例进行说明。

▶ **案例背景**

河北省调依据河北南网运行实际，试点研发部署在线静态安全、短路电流贯通计算功能，将备用设备合环纳入静态安全分析辅助决策，实现合环前后潮流、短路自动校核。此案例针对500kV骅宣双线同停和500kV慈云站主变压器 N-1 过载问题，利用试点工具校核电网薄弱环节及潜在过载风险，给出方式调整建议，与中心各专业沟通后实际采用，并据此完善故障处置预案，消除了电网运行隐患。

▶ **事件起因**

500kV骅宣双线计划于2021年10月21—25日停电计划检修，骅宣双线停电前，220kV渤常Ⅱ线因缺陷停修。停电期间，宣惠河站500kV部分失去电源，沧州东部电网的润捷热电#2机组、沧东电厂#1机组、宣惠河站220kV部分、220kV渤海站、中钢站、新工站、常庄站，通过220kV新徐线、同塔架设的220kV常临双线并网，若常临双线同停，220kV新徐线单线路带上述2厂5站运行，存在线路过载、孤网运行甚至全停风险。

慈云供电区位于保定地区北部。慈云站500kV部分通过4回线路与周边联络，220kV部分独立分区运行，联络设备如下：220kV孟柳双线（充电备用）、雄州站母联201开关（热备用）。该供电区仅依靠慈云站三台容量为750MVA的主变压器供电。综合考虑冬天气象条件、煤改电等影响，预测2021年度冬期间，慈云站3台主变压器存在 N-1 严重过载风险。

河北省调安全分析工程师利用在线静态安全、短路电流贯通计算工具开展安全校核，并利用在线研究态程序开展比对验证。

▶ **数据准备与方式调整**

（1）500kV骅宣双线检修同停。选取10月20日晚高峰数据断面为基础断面，充分考虑近期负荷走势及相关火电机组运行工况后，对沧州东部地区相关厂站、机组出力进行适当调整后开展在线校核。

（2）慈云站主变压器 N-1 校核。选取11月9日晚高峰断面作为基础断面，结合慈云供电区历史最大负荷对该供电区负荷进行调整后开展在线校核。

▶ **安全校核与风险评估**

（1）500kV骅宣双线检修同停。通过静态安全、短路电流贯通计算工具，自动给出了润捷热电母联201开关合环的辅助决策建议，润捷热电母联201开关合环辅助决策结果如图7-17所示。润捷热电母联201开关合环后，220kV常临双线同停方式下，220kV新徐线负载率由102.85%降至48.41%，合环后电网无基态、N-1越限问题，且短路电流校核无问题。利用在线研究态系统对合环过程进行手动验证，结果基本一致，证明了此方式调整的可行性，经反馈各专业讨论后，确定了在500kV骅宣双线停电前将润捷热电母联201开关合环的方式安排。

图 7-17　润捷热电母联 201 开关合环辅助决策结果

（2）慈云站主变压器 N-1 校核。通过静态安全、短路电流贯通计算工具，给出了 220kV 孟柳双线合环、雄州站母联 201 开关合环的辅助决策建议，慈云站主变压器 N-1 合环辅助决策结果如图 7-18 所示。正常方式下，慈云站主变压器 N-1 后运行主变压器负载率 109.78%；220kV 孟柳双线合环后，慈云站主变压器 N-1 后运行主变压器负载率 83.14%；雄州站母联 201 开关合环，慈云站主变压器 N-1 后运行主变压器负载率最大为 89.05%；且合环后短路电流均无问题。利用在线研究态系统对合环前后潮流进行验证，结果基本一致。综合考虑合环对电网结构补强效果及慈云站主变压器的过负荷能力，当慈云站主变压器 N-1 过载超主变压器规定过负荷限值后，采取将 220kV 孟柳双线紧急合环的处置措施，据此完善了慈云站主变压器 N-1 过载专项处置预案。

▶ **实用化意义与经验总结**

在线安全分析是调度员应用最多的电网安全校核平台，该试点结合运行实际，将静态安全、短路校核两项功能实现互联互通，对于提升大电网安全校核效率具有重要意义。此案例利用试点工具对 500kV 骅宣双线同停、慈云主变压器 N-1 过载开展在线安全校核，验证了试点功能校核结果的准确性、可用性，拓展了在线应用场景和功能，强化了电网运行风险快速辨识和控制能力，进一步提升了在线安全分析实用化水平。

合环策略信息

运行消息

100%

合环后N-1信息

	策略名称	越限设备	越限类型	限值(MVA)	合环前负载率	合环后负载率	合环前基值(MVA)	合环后基值(MVA)	合环前开断值(MVA)	合环后开断值(MVA)
1	雄州母联201开关合环	河北.慈云站/2#主变-高	稳态功率越限	750.00	109.52	89.05	537.69	467.51	821.38	667.85
2	雄州母联201开关合环	河北.慈云站/3#主变-高	稳态功率越限	750.00	109.78	88.42	533.62	463.97	823.34	663.17
3	雄州母联201开关合环	河北.慈云站/4#主变-高	稳态功率越限	750.00	106.45	85.74	517.41	449.88	798.39	643.07
4	孟柳双线合环	河北.慈云站/3#主变-高	稳态功率越限	750.00	109.78	83.14	533.62	441.72	823.34	623.58
5	孟柳双线合环	河北.慈云站/2#主变-高	稳态功率越限	750.00	109.52	82.39	537.69	445.10	821.38	617.92
6	孟柳双线合环	河北.慈云站/4#主变-高	稳态功率越限	750.00	106.45	80.63	517.41	428.35	798.39	604.72

合环后遮断容量结果

	策略名称	开关名称	故障类型	额定开断电流(kA)	实际计算电流(kA)	差值(kA)	百分比
1	孟柳双线合环	河北.保北站/220kV.2B母线	三相短路	50.00	47.05	2.95	94.10
2	雄州母联201开关合环	河北.保北站/220kV.2B母线	三相短路	50.00	46.36	3.64	92.72
3	孟柳双线合环	河北.慈云站/220kV.2B母线	三相短路	50.00	42.09	7.91	84.18
4	雄州母联201开关合环	河北.慈云站/220kV.2B母线	三相短路	50.00	40.72	9.28	81.44
5	孟柳双线合环	河北.孟官营站/220kV.2母线	三相短路	50.00	40.37	9.63	80.74
6	雄州母联201开关合环	河北.易水站/220kV.2B母线	三相短路	50.00	33.20	16.80	66.40
7	孟柳双线合环	河北.柳卓站/220kV.2A母线	三相短路	50.00	32.06	17.94	64.12
8	雄州母联201开关合环	河北.雄州站/220kV.2母线	三相短路	50.00	26.28	23.72	52.56

图 7-18　慈云站主变压器 N-1 合环辅助决策结果

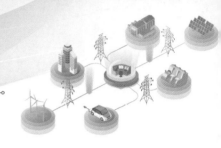

8 特高压直流输电

8.1 直流输电基本原理

8.1.1 直流输电的基本概念

直流输电是电厂发电以交流形式输送至换流站整流成直流，通过直流线路送至另一换流站，将直流逆变成交流，然后以交流的形式输送给用电用户。随着对输电容量、输电距离等需求的不断增加，以及大容量电力电子器件生产的突破，直流输电的优势进一步凸显。

8.1.2 直流输电的优点与缺点

1. 优点

（1）直流输电仅需正负两极共两根输电线路，且杆塔结构简单，走廊占地更小。输送相同功率，直流架空线路可节省约1/3钢芯铝绞线，线路造价约为交流线路的2/3，线损约为交流线路的2/3，线路走廊宽度约为交流线路的1/2。

（2）直流输电不存在交流输电的稳定极限问题，更适用于远距离大容量输电。

（3）直流输电可以实现不同电网间的非同步互联，且不增加两端电网的短路容量。同时，两端交流电网发生故障时，可隔离故障，避免大面积停电。

（4）直流输电运行方式多变、灵活，扩建方便。大部分直流输电工程正常方式为双极运行，该方式输送功率大、经济性好；故障或检修情况下，还可以采取单极大地、部分阀组退出等方式运行，输电可靠性高。

2. 缺点

（1）换流站设备造价远高于交流变电站。综合考虑直流线路造价较低的情况，在输电距离约为700～800km时，交直流输电总费用基本相等。

（2）换流器工作过程中会产生大量谐波，需配置各类滤波装置。

（3）换流器会吸收大量无功功率，稳态情况下消耗的无功功率是传输功率的40%～60%，需配置大量无功补偿装置。

（4）接地极通过电流较大时会对周围电磁环境产生较大影响。

8.1.3 直流输电系统的分类

1. 两端直流输电系统

由一个整流站、一个逆变站及输电线路构成，它与交流系统只有两个连接端口，是结构最简单、应用最广泛的直流输电系统。

2. 背靠背直流输电系统

两端直流输电系统的特例，即直流线路为0的两端直流输电系统，一般用于区域电网间的非同步互联（如华北电网与东北电网通过高岭背靠背直流互联）。

3. 多端直流输电系统

由多个整流站、逆变站及输电线路构成，与交流系统有3个及以上的连接端口，结构复杂，应用较少。

8.1.4 换流器工作原理

换流器根据运行方式分为整流器和逆变器。整流器通过换流阀将交流电转换为直流电，位于直流输电系统送端；逆变器通过换流阀将直流电转换为交流电，位于直流输电系统受端。

1. 换流阀

换流阀由晶闸管制作而成，晶闸管结构如图8-1所示。晶闸管具有单向导通性，在不导通时能阻断一定的正向、反向电压，导通后晶闸管上承受电压几乎为0。这一特性是换流器实现交直流转换的基础。

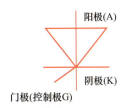

图 8-1 晶闸管结构

晶闸管正常导通条件：①阳极电压必须高于阴极电压，即阀电压为正；②在控制极上加上所需的触发脉冲。

晶闸管正常关断条件：①流过换流阀的电流减小过零；②阀电压持续一段时间为零或为负。

2. 6脉动换流桥

6脉动换流桥由6个换流阀组成，是换流器的基本单元，6脉动换流桥结构如图8-2所示。通过控制每个阀的通断可实现交直流转换，其中U_A、U_B、U_C为交流系统三相电压，U_d为换流桥输出的直流电压。

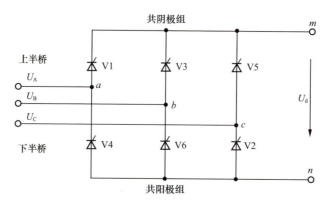

图 8-2 6脉动换流桥结构

以整流器为例，各换流阀导通顺序为 1 → 2 → 3 → 4 → 5 → 6 → 1。V6与V1导通时，$U_d=U_A-U_B$；V1与V2导通时，$U_d=U_A-U_C$；V2与V3导通时，$U_d=U_B-U_C$，其他导通情况依次类推，可将三相交流电压转换为直流电压U_d，6脉动换流桥导通顺序如图8-3所示。

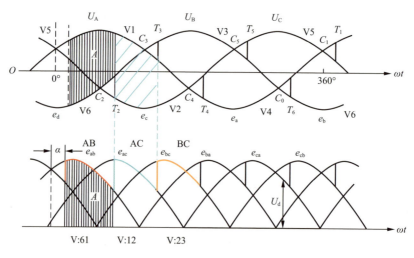

图 8-3 6脉动换流桥导通顺序

3. 12脉动换流桥

12脉动换流桥由2个6脉动换流桥组成，以YD和YY接线方式接于两个双绕组换流变压器。YD和YY接线的阀组触发顺序相同，但YY阀组比YD阀组触发滞后30°。高压直流输电系统基本换流单元一般采用该方式，其输出的直流电压波形较6脉动换流桥更为平整，换流变压器接线组别如图8-4所示，12脉动换流桥导通顺序如图8-5所示。

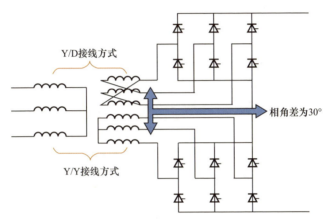

图 8-4 换流变压器接线组别

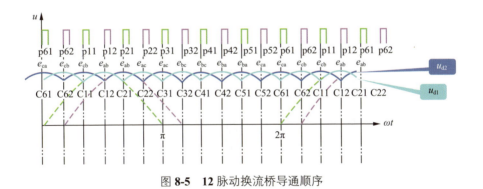

图 8-5 12脉动换流桥导通顺序

8.1.5 高压直流输电系统主要一次设备

±800kV常规高压直流输电系统整流、逆变侧均采用双极配置，每极由两个换流器组成，每个换流器由一个12脉动换流桥组成，高压直流输电系统如图8-6所示。

1. 换流变压器

换流变压器一侧与交流母线连接，另一侧与换流器连接，向换流器提供相应电压等级的不接地三相电压源，并通过调整分接头保证电压在规定范围内，同时能够防止交流过电压进入换流器。

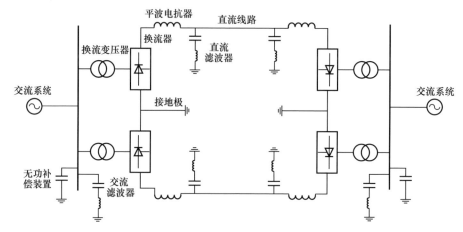

图 8-6 高压直流输电系统

2. 换流器

通过控制触发脉冲，实现交直流转换，并控制直流系统电压、电流、输送功率等运行参数。

3. 平波电抗器

平波电抗器为电感值接近0.1H的大型电抗器，主要有以下作用：①抑制直流线路中的谐波电压和电流；②防止逆变器换相失败；防止轻负荷电流不连续；③限制直流线路短路期间整流器中的峰值电流。

4. 谐波滤波器

换流器在交流侧和直流侧均会产生谐波电压和谐波电流，可能导致电容器过热，影响附近交流系统中旋转电机的稳定运行，并且干扰远动通信系统，需配置相应的交直流滤波器。

5. 无功补偿装置

换流器在进行交直流转换时，会消耗大量无功。因此，在换流站内会配置大量无功补偿装置，一般采用并联电容器，部分换流站会在附近交流变电站配置静止无功补偿器（SVC）或同步调相机。

6. 直流线路

直流线路可以是架空线路或电缆，除导体数和间距外，与交流线路基本相同。

7. 接地极

接地极主要作用为钳制中性点电位，并在特定运行方式下为直流电流提供通路（如单极大地回路方式）。接地极一般有较大的表面积，以使电流密度和表面电压梯度最小，避免局部电腐蚀严重。

8. 开关设备

为了达到切除故障、运行方式转换和检修隔离等目的，在换流站的直流侧及交流侧装设了开关装置。与一般交流变电站不同的是换流站直流侧的某些开关装置涉及的是直流电流的转换或遮断。而换流站交流侧的某些断路器由于谐波、直流甩负荷和变压器磁饱和等原因而使开关装置的投切负担更重。

8.1.6 高压直流输电系统接线方式

±800kV常规高压直流输电系统可根据实际运行情况灵活调整接线方式，以确保在各类故障或检修方式下，仍能维持直流系统运行。正常情况下，直流系统采用双极平衡方式运行或单极金属回线方式运行。两侧换流站交叉配合，可组成6大类、共46种接线方式，采用C01-C46对不同接线方式进行编号。

（1）单极单换流器接线（单极1/2接线），共16种。极1高端换流器接线、大地回线（C28）如图8-7所示。

（2）单极双换流器接线（单极全接线），共4种。极1双换流器接线，金属回线（C36）如图8-8所示。

（3）双极每极单换流器接线（双极1/2接线），共16种。整流侧低端换流器、逆变侧高端换流器接线（C08）如图8-9所示。

（4）双极不对称换流器接线，即一极双换流器、另一极单换流器（双极3/4接线），共8种。极1双换流器、极2低端换流器接线（C22）如图8-10所示。

（5）双极双换流器接线（双极全接线），共1种。双极双换流器接线（C01）如图8-11所示。

（6）融冰接线方式，共1种。融冰接线方式（C46）如图8-12所示。

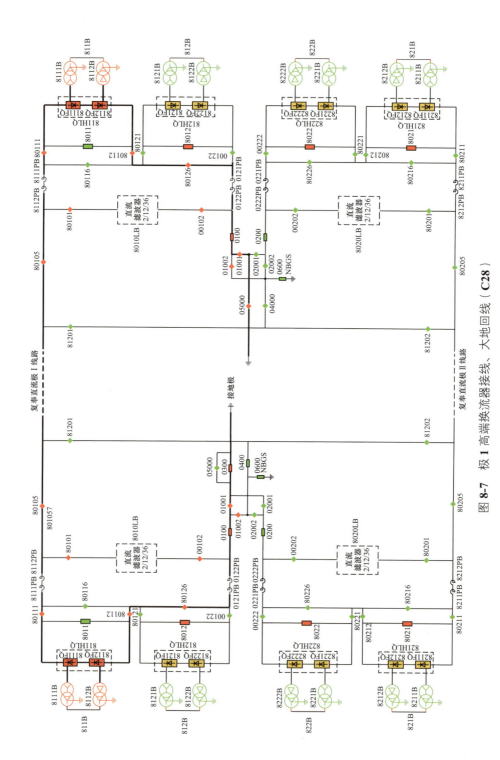

图 8-7 极 1 高端换流器接线、大地回线（C28）

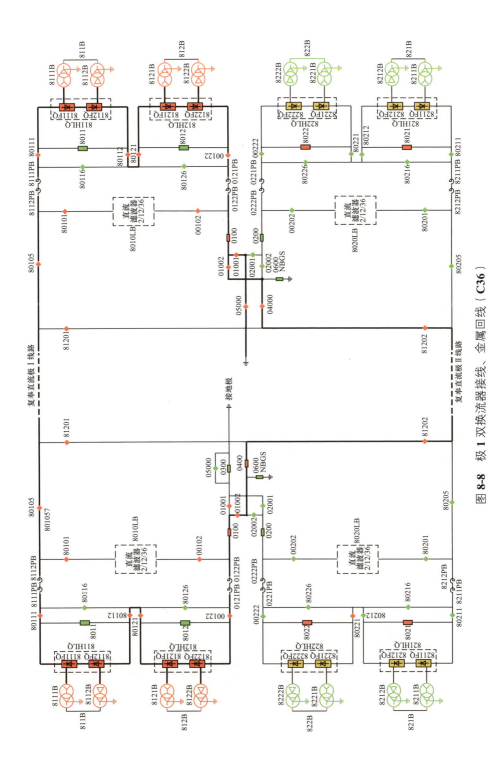

图 8-8 极 1 双换流器接线、金属回线（C36）

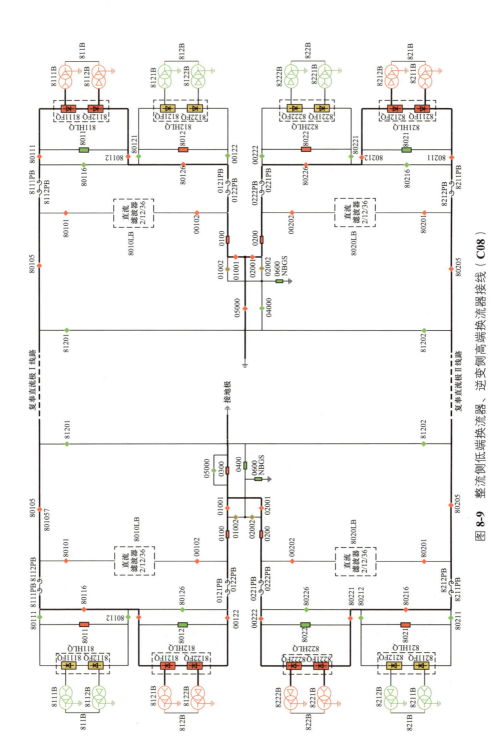

图 8-9 整流侧低端换流器、逆变侧高端换流器接线（C08）

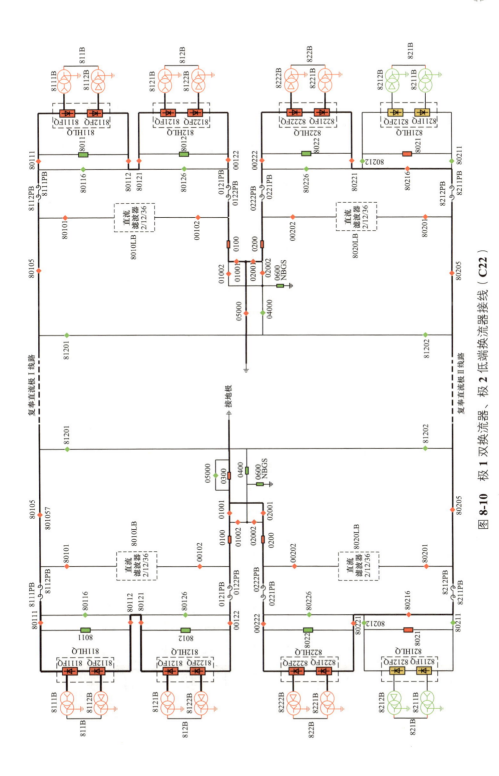

图 8-10 极 1 双换流器、极 2 低端换流器接线（C22）

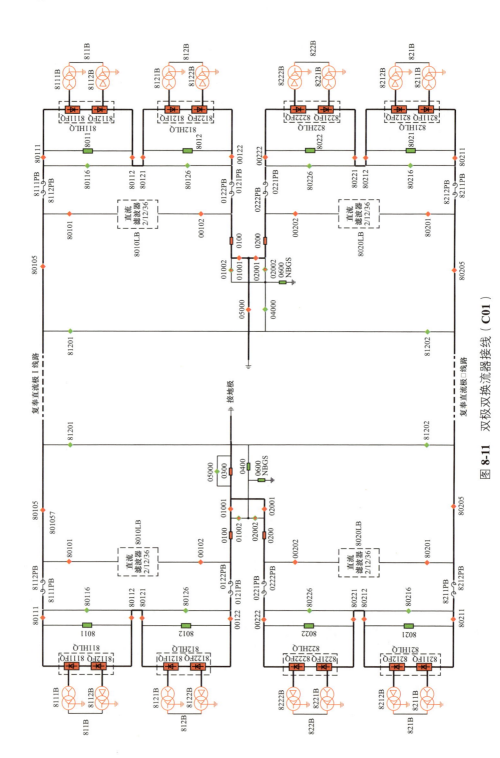

图 8-11 双极双换流器接线（C01）

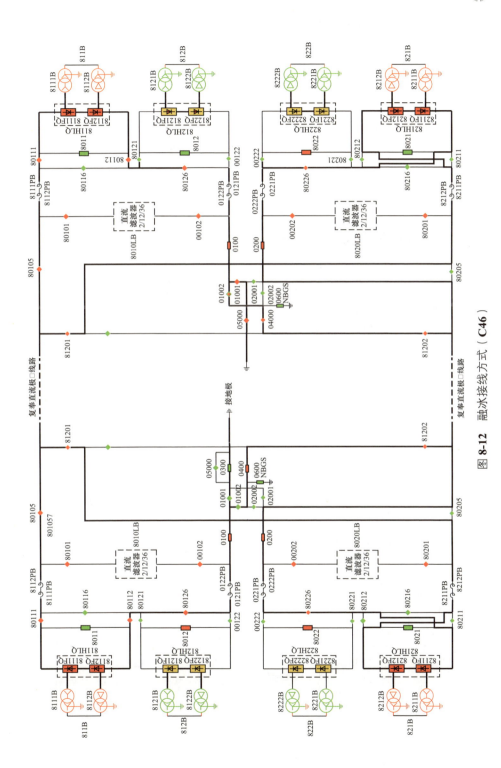

图 8-12 融冰接线方式（C46）

8.1.7 柔性直流输电系统

柔性直流输电相比常规直流输电的核心区别在于采用全控型绝缘栅双极型晶体管（IGBT）。常规直流输电的晶闸管通断除受触发脉冲影响外，还受制于阀电压方向与阀电流是否过零，称为半控型元件。全控型IGBT则可实现仅通过触发脉冲控制通断。相比常规直流输电，柔性直流输电在电压支撑、有功无功解耦、构成多端直流等方面性能更佳，但在输送容量、功率损耗等方面有待突破。同时由于其通断不受交流系统影响，柔性直流输电不会发生换相失败。

8.2 直流输电控制及保护系统

直流输电控制及保护系统是直流输电的"大脑和神经"，负责控制交/直流功率转换和直流功率输送的全部过程，并保护换流站所有电气设备和直流输电线路免受电气故障的损害。

8.2.1 直流输电控制系统

直流输电控制系统的主要任务为按照系统要求输送直流功率，并保证稳态、动态和暂态扰动下直流系统的性能满足工程快速、稳定和安全的性能要求。可控对象包括：①交直流场开关、刀闸、接地开关的顺序控制；②换流器的解锁/闭锁，以及触发角的选择；③交流滤波器/并联电容器的投切；④换流变压器分接头的控制。

1. 直流输电控制系统的分层结构

将直流输电换流站和直流输电线路的全部控制功能按等级分为若干层次而形成的控制系统结构。分层结构可以提高运行的可靠性，使任一控制环节故障所造成的影响和危害程度最小，同时还可提高运行操作、维护的方便性和灵活性，直流输电控制系统分层结构如图8-13所示。

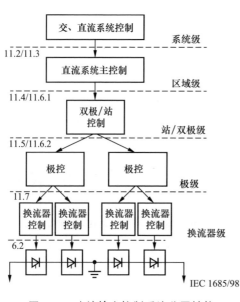

图 8-13　直流输电控制系统分层结构

2．基本控制功能

直流输电基本控制功能指控制直流电压、电流稳定并在合理范围内，主要控制方式包括定电流控制、定电压控制、定熄弧角控制。

整流侧采用定电流控制，可调节范围取决于换流器性能、无功和谐波等综合因素决定的最大触发角，其最小触发角不得小于5°。

逆变侧采用定熄弧角控制或定电压控制，可调节范围取决于换流器性能、无功和谐波等综合因素决定的最小触发角，其最小关断角通常不得小于13°。当整流侧失去控制能力时（整流侧触发角为5°），则逆变侧承担保持直流电流的控制功能。

3．换流变压器分接头控制

通过对换流变压器抽头的控制使触发角、熄弧角、直流电压或阀侧理想空载直流电压等被控量保持在其参考值附近，以提高换流器工作的功率因数，减小其无功消耗，降低直流传输中的线损等。

4．无功功率控制

无功功率控制根据换流站与交流系统的无功交换量决定投/切无功补偿装置，控制与换流站相连的交流系统性能（无功、谐波）。

8.2.2　直流输电保护系统

1．保护配置概况

现有直流输电保护系统一般分为换流器区、极保护区（高压直流母线、直流线路、中性母线）、双极保护区（直流场开关、接地极线路）、直流滤波器区、换流变压器区、交流滤波器及其母线区等，直流输电保护区域配置如图8-14所示。

换流器区保护用来保证换流器正常工作，该区域发生故障时，故障换流器退运；高压直流母线、直流线路、中性母线等区域发生故障时，极保护区动作出口，故障极退运；双极保护区发生故障时，退出双极，但要采取措施尽量避免双极故障退出运行，保证运行的可靠性。

2．直流输电线路故障再启动

当直流输电线路故障后，直流输电线路保护可向极控系统发送动作信号，启动线路故障再启动动作逻辑。直流输电线路故障再启动过程大致可分为移相和重启2个阶段，类似于交流系统中的跳闸/重合闸过程。移相期间，整流侧触发角紧急移相120°，进入逆变运行状态。此时，两侧换流阀在短时间内均处于逆变运行状态，防止整流站向故障点提供电流，将直流系统中的能量返回至交流系统，清除故障点。再经过一定时间的去游离过程，极控系统将整流器的触发角逐渐减小，尝试将直流系统重新启动，若瞬时故障已消除，则直流系统恢复运行。

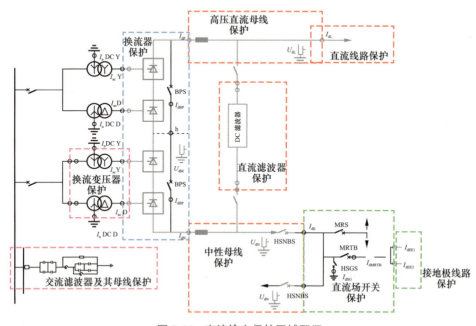

图 8-14　直流输电保护区域配置

8.3　特高压直流换流站运行规定

1. 直流系统接线方式

（1）正常情况下，直流系统采用双极平衡方式运行或单极金属回线方式运行。

（2）单极大地回线运行方式一般用于故障闭锁后的紧急处理和检修等特殊情况，发生单极闭锁后，应按照国调要求尽快进行大地/金属回线转换。单极大地回线运行方式下应严格按照调度运行规定控制大地回线电流。

（3）当大地回线与金属回线方式相互转换时应确认具备转换条件后由主控站进行，从控站须检查直流场转换回路设备状态，方式转换时两站应保持电话联系。

（4）在运行中进行单极大地回线方式和单极金属回线方式相互转换不成功时，由主控站协调对站返回原接线方式；当不能返回原接线方式时，可申请国调将该极正常停运，待转换接线方式后恢复该极运行。

2. 直流启停

（1）直流系统启动前，应保证可用交流滤波器数量满足直流系统绝对最小滤波器要求，每极直流系统至少有一组直流滤波器在连接状态。双极直流系统停运后，应检查所有交流滤波器是否自动切除，如果未自动切除应立即手动切除并汇报调度。

（2）直流系统升降功率或启停前应确认功率设定值不小于当前系统允许的最小功率，且不能超过当前系统允许的最大功率（一般情况下不使用过负荷能力）；功率调整速率一般不超过 1000MW/15min。

（3）换流器在线投入前，当前运行功率不得小于换流器在线投入后的极最小运行功率；换流器在线退出前，应核实当前运行功率满足换流器退出后运行电压所允许的最大运行功率。

（4）功率（电流）升降过程中，不得进行主控站、有功功率和无功功率控制方式和直流电压方式的调整。

（5）直流系统正常停运时，应将直流功率降至最小功率值后再将功率指令值整定为0，正常闭锁。

（6）潮流反转时，直流输送功率先降至最小功率后闭锁直流系统，待直流两侧电网调整方式完毕，按调度指令将直流系统功率反向解锁，并按要求升功率至目标值。

（7）换流器在线投入时，整流侧先投入，逆变侧后投入。同一个极高、低端换流器其中有一个运行时，将另一个换流器也转运行，应通过换流器在线投入功能实现。

（8）主控站解锁前，还应检查确认两站运行准备就绪（ready for operation，RFO）条件均满足要求。RFO 条件包括：换流变压器充电；交流滤波器可用；保护正常运行；直流滤波器连接；阀水冷系统正常运行；换流变压器冷却器及非电量正常；仅有一个接地端相连；极连接；阀接口单元（valve base electronics，VBE）系统正常；换流器连接；分接头位置正确；旁通开关分位。

（9）单极双换流器运行，站间通信正常时，如果本站一个换流器（高端或者低端）任何情况下（如故障、在线）退出运行，对站相应极对应换流器会自动退出运行；单极双换流器运行，站间通信故障时，如果本站一个换流器（高端或者低端）任何情况下（如故障、在线）退出运行，对站相应极低端换流器会自动退出运行。

（10）紧急停运阀组时，阀组退至阀组隔离状态；紧急停运极时，先停运的阀组阀组隔离，后停运的阀组不隔离，对应极隔离，有功控制方式退至单极功率控制。

3. 降压运行

（1）直流系统单极双换流器降压运行一般取80%的额定电压（80%～100%均可设定），单极单换流器无降压运行方式，降压运行时直流系统不具备过负荷能力。

（2）直流系统进行降压运行前，应查看当前功率、无功设备是否满足降压条件下的运行要求，必要时应先降低输送功率。

（3）当天气恶劣，严重影响直流系统的运行时，应向调度申请降压运行。降压运行期间，运行人员应加强巡视，天气转好后向调度申请恢复全压运行。

4. 中性区域运行规定

（1）双极直流中性母线设备的检修工作应在双极停运时进行。

（2）直流系统一极运行、一极停运时，严禁对双极中性区域主设备及相关二次回路进行检修、注流试验等工作。

（3）直流系统一极运行、一极停运时，未采取一、二次隔离措施前，严禁对停运极中性区域互感器进行注流或加压。运行极的直流滤波器停运检修时，严禁对该组直流滤波器内与直流极保护相关的电流互感器进行注流试验。

（4）直流系统运行期间，站内接地开关（NBGS）应热备用正常。单极运行时严禁合上NBGS。站内接地点不可用时，应拉开站内接地点刀闸并将控制方式设为"就地"模式。

（5）双极平衡运行时，若站外接地极发生故障，可转至站内接地点短时运行，转换前申请调度降低直流输送功率至系统调试期间"站内站外接地转换"试验功率值。站外接地极恢复正常后，应尽快转至站外接地极运行。

（6）站内站外接地转换过程中，严禁直流系统无接地点运行。

（7）双极运行时当接地极线路电流大于100A或单极运行接地极线路电流大于200A时，严禁站内接地点代替站外接地极运行。

5. 控制及保护系统运行规定

直流输电控制及保护系统一般采取双重化或三重化配置方案。双重化配置的出口及动作逻辑与交流保护基本一致。三重化配置一般采取"三取二"方式出口动作。各换流站交流部分保护运行规定与交流变电站相同；直流控制及保护系统一般根据不同厂家的配置方案制定，总的原则与交流保护大体一致。

8.4 特高压直流输电系统故障分析及处置

1. 直流系统故障分析要点

直流系统故障分析主要关注：交流电压、电流，直流电压、电流等电气测量量；直流控制系统的触发脉冲、解锁与闭锁时序；开关、刀闸分合命令与状态；直流保护出口动作情况，保护内部差动量等中间计算值。

由于直流输电系统运行方式灵活，直流控制系统内部环节复杂，在故障分析时还应考虑以下几方面的影响：①故障电流回路的构成；②故障电流的来源；③直流控制及保护系统策略的影响；④直流系统主接线方式的影响。

2. 典型故障特征

（1）阀短路。

1）整流侧：阀电流升高，阀短路故障（整流侧）分析如图8-15所示。

2）逆变侧：引起换相失败，直流电流升高，阀短路故障（逆变侧）分析如图8-16所示。

（2）换流变压器阀侧两相短路。

阀故障电流较小，换流变压器绕组电流较大，换流变压器阀侧两相短路分析如图8-17所示。

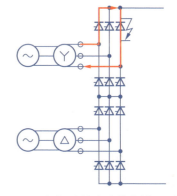

图 **8-15** 阀短路故障（整流侧）分析

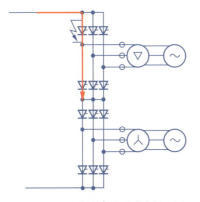

图 **8-16** 阀短路故障（逆变侧）分析

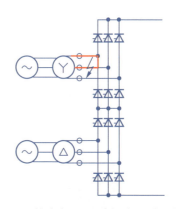

图 **8-17** 换流变压器阀侧两相短路分析

（3）换流变压器阀侧单相接地。

1）整流侧：故障电流自故障点入地，自接地极返回；直流电压降低，直流极线电流迅速过零。换流变压器阀侧单相接地（整流侧）分析如图8-18所示。

2）逆变侧：故障电流自故障点入地；直流电流降低，直流电流迅速升高。换流变压器阀侧单相接地（逆变侧）分析如图8-19所示。

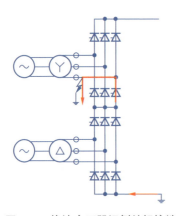

图 **8-18** 换流变压器阀侧单相接地
（整流侧）分析

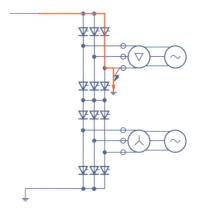

图 **8-19** 换流变压器阀侧单相接地
（逆变侧）分析

（4）12脉动换流器中点接地。

1）整流侧：低端6脉动换流器短路；损失低端6脉动直流电压，直流极线电流迅速过零。12脉动换流器中点接地（整流侧）分析如图8-20所示。

2）逆变侧：低端6脉动换流器被旁路；损失低端6脉动直流电压，直流极线电流迅速升高。12脉动换流器中点接地（逆变侧）分析如图8-21所示。

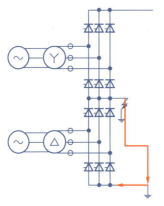

图 **8-20** 12脉动换流器中点接地
（整流侧）分析

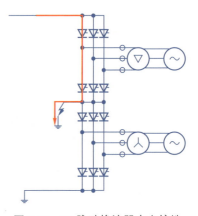

图 **8-21** 12脉动换流器中点接地
（逆变侧）分析

（5）极母线接地。

1）整流侧：相当于电源出口短路，直流电流迅速升高。极母线接地（整流侧）分析如图8-22所示。

2）逆变侧：通过直流线路对整流侧形成短路，直流线路电流升高。极母线接地（逆变侧）分析如图8-23所示。

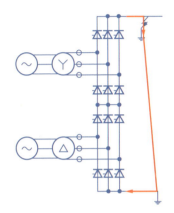
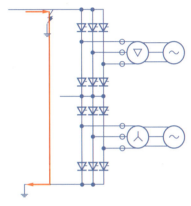

图 **8-22**　极母线接地（整流侧）分析　　图 **8-23**　极母线接地（逆变侧）分析

（6）丢失触发脉冲。

1）整流侧：直流电流周期性中断、直流电压与直流电流出现50Hz分量。丢失触发脉冲（整流侧）分析如图8-24所示。

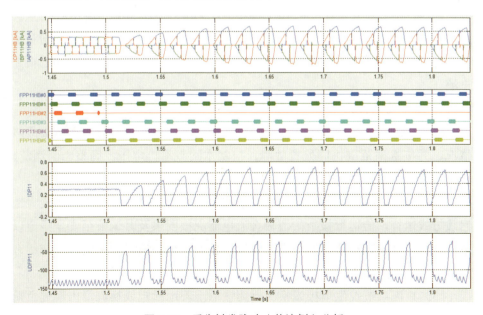

图 **8-24**　丢失触发脉冲（整流侧）分析

2）逆变侧：换相失败、直流电流增大、直流电压与直流电流出现50Hz分量。丢失触发脉冲（逆变侧）分析如图8-25所示。

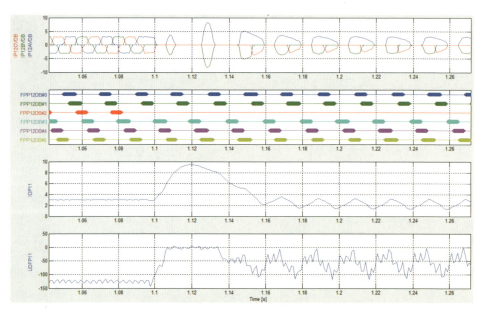

图 **8-25**　丢失触发脉冲（逆变侧）分析

（7）交流系统单相接地。

1）整流侧：换相困难、直流电流减小、直流电压与直流电流出现100Hz分量。

2）逆变侧：换相失败、直流电流增大、直流电压与直流电流出现100Hz分量。

（8）金属回线接地。线路电流因大地分流减小，但接地开关会通过很大电流。

3. 故障处置措施

（1）直流输电系统发生双极闭锁后，相关调控机构应及时简要通报故障情况，并按直调范围协同处置故障，控制本网频率、电压，调整断面潮流，必要时可采取负荷限制措施。

（2）双极运行的直流系统发生单极闭锁后，运行极可短时保持单极大地回线方式运行，但运行极及接地极直流电流应按要求及时调整至安全限值以下。运行极具备单极金属回线方式运行条件后，应尽快转为单极金属回线方式运行。

（3）直流系统发生单极或换流器闭锁后，若运行极或换流器出现过负荷情况，换流站运行人员或调控机构值班监控员应立即将输送功率降至当前直流电压水平下的最大允许功率（一般情况下不使用过负荷能力）。

（4）直流线路发生故障，系统降压再启动成功后，在接到运维单位关于线路具备升压条件的汇报前，应维持当前运行电压。

（5）接地极线路或接地极故障时，可采取改变直流系统运行方式的方法将接地极线路或接地极隔离。共用接地极故障时，可停运相关直流将共用接地极隔离。

（6）交流滤波器异常需停运时，应全面考虑系统运行方式，必要时可以降低直流输送功率。直流滤波器异常或故障时，应根据相关规定和系统运行情况采取退出故障设备或停运直流等措施。

（7）换流变压器、平波电抗器等直流设备应定期进行油色谱分析等常规检查，当送检项目指标出现恶化趋势或达到国家、行业规定的告警值时，运维单位应及时向相关调控机构汇报并提出处理措施。

（8）正常运行时，直流输电系统一般不安排孤岛方式。特殊情况下，对于送端可能存在孤岛运行方式的直流输电系统，应安排孤岛试验，验证该方式下系统运行的稳定性，明确控制要求，并制定相应的运行规定。对于故障后直流输电系统出现的孤岛运行方式，调控机构应按运行规定进行相关调整，或停运直流。

4. 交直流系统相互影响分析及处置措施

（1）换相失败。

1）定义。在换相电压反向（具有足够的去游离裕度）之前未能完成换相的故障称为换相失败。换相失败不是由于对换流阀的误操作引起的，而是换流阀外部电路的条件引起的。换相失败对于逆变器更为普遍，一般在大直流电流或低交流电压之类的扰动期间发生；仅当触发电路发生故障时，整流器才会发生换相失败。换相失败示意图如图8-26所示。

2）换相失败的现象及后果。换相失败过程中，逆变侧经历一段时间短路，且出现电流过冲；一次换相失败能够自行恢复；若电压下降或电流升高严重，可能引发连续换相失败，进而导致直流闭锁；换相失败过程中会产生大量无功缺额及谐波。

3）换相失败对交直流系统的影响。

a. 交流系统。交流系统对称故障通过影响换流母线电压的大小来影响换流过程，非对称故障除了会改变换流母线电压幅值外，还能引起过零点前移，故障点距离换流站越近，幅值下降越大，越易引起换相失败。如果故障能快速清除，那么换相过程一般都可以恢复正常。

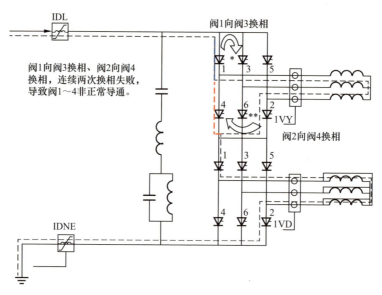

图 8-26 换相失败示意图

b．直流系统。直流换相失败会导致交流电网直流落点近区交流线路功率大幅短暂波动。当交流电网通过弱交流联络线与其他交流电网相连，联络线将被激发固有振荡模式，振荡大小与冲击能量呈正比，振荡无直流分量，一般会在阻尼作用下平息。换相失败后系统稳定性如图8-27所示。

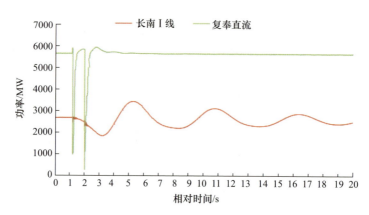

图 8-27 换相失败后系统稳定性

4）应对多馈入直流同时换相失败的措施。

a．严格控制交流联络线功率。

b．延长受端线路重合闸时间。

c．直流换相失败后送端切机。

d. 强化交流电网建设，增加抗冲击能力与系统阻尼。

（2）大容量直流闭锁冲击。

1）对交直流系统的影响。

a. 直流互联系统中直流闭锁后，送端系统功率过剩，频率上升。

b. 受端系统功率缺额，频率下降。

c. 送端、受端交流系统内潮流重新分布，由于直流输送功率巨大，闭锁后对送端、受端电网冲击较大。

2）处置措施。安控装置一般会在直流闭锁并满足一定条件后，采取送端切机和受端切负荷的方式维持电网稳定。

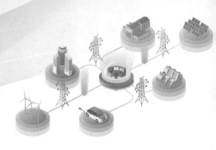

9 电网调度运行新技术

9.1 新一代调度技术支持系统

随着国家深入推进电力市场建设和公司加快能源互联网企业建设，特别是新能源快速发展后，国家提出构建以新能源为主体的新型电力系统，在传统自动化系统运行控制平台和模型驱动型应用的基础上，运用云计算、大数据、人工智能等新兴技术，构建云计算平台和数据驱动型应用，形成两种平台协同支撑、两种引擎联合发力、四大子系统协同运转的新一代调度技术支持系统，河北新一代调度技术支持系统首页如图9-1所示。

图 **9-1** 河北新一代调度技术支持系统首页

河北新一代调度技术支持系统于2022年12月27日正式上线，作为国家电网公司新一代建设7家试点单位之一，新系统继承D5000成果，融入IT新技术，具有"智能、安全、开放、共享"的特征，全面服务于新型电力系统"信息感知更立体、实时调度更精准、在线决策更智能、运行组织更科学、人机交互更友好、平台支撑更坚强"的运行控制目标，有效支撑"绿色低碳、安全高效"能源体系运转。

河北新一代调度技术支持系统基于调控运行实际相关业务，人机界面设计满足调度员使用习惯。系统主要包含稳态监视、厂站目录、电力平衡、自动控制、在线安全分析、故障告警及协同处置、动态限额监视、调度计划、现货市场、日内调度、新能源预测、保护监视、培训仿真、预调度、值班监视等十五个模块。利用调度数据网、综合数据网和互联网三种网络，广泛采集发电厂、变电站、外部气象环境、储能等数据。提供位置无关、权限约束、同景展示的人机云终端，实现对两种平台、八大类业务应用的统一浏览。

电力平衡模块融合外部气象信息，展示网、源、荷、储各类信息及新能源，使调度员对于网内平衡情况了解更加直观。河北新一代调度技术支持系统电力平衡模块如图 9-2 所示。

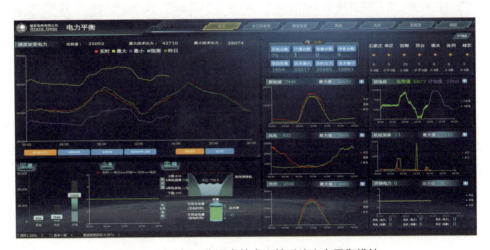

图 9-2　河北新一代调度技术支持系统电力平衡模块

稳态监视模块展示电网实时运行相关的各类数据，例如各类机组装机容量、出力和受阻情况、负荷及新能源出力历史极值、地线列表、风险事件及实时安全校核结论，其中装机容量数据与调控云端统一，根据投运状态自动更新，减少人工维护工作量。河北新一代调度技术支持系统稳态监视模块如图 9-3 所示。

新一代动态限额监视相比老系统提升明显，可以根据设备实际停运情况自动生成相关越限告警信息，可以适应因新能源快速发展、设备检修导致的断面控制逐年增多的情况，大大减少自动化及调控专业维护及人工操作工作量。河北新一代调度技术支持系统动态限额监视模块如图 9-4 所示。

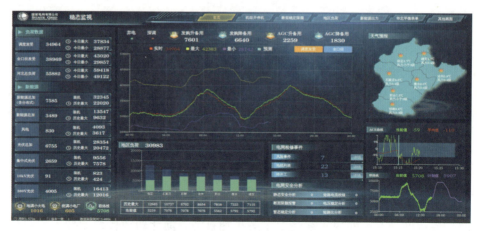

图 9-3　河北新一代调度技术支持系统稳态监视模块

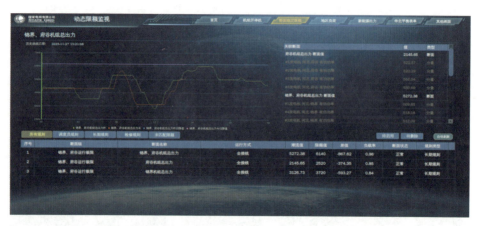

图 9-4　河北新一代调度技术支持系统动态限额监视模块

　　新一代在线安全分析模块，增加了新能源短路比、转动惯量计算评估功能，更加适应未来高比例新能源电力系统的安全要求。河北试点开展的故障仿真自适应功能，创新完成融合恶劣天气预报、线路杆塔地理位置相关信息，评估区域故障概率并进行风险提示。河北新一代调度技术支持系统在线安全分析模块如图9-5所示。

　　故障告警及协同处置模块在故障后能准确在潮流图、地理GIS图中定位故障位置，展示故障简报。并可以对故障后产生的电网风险智能提示告警、分析故障原因，提供处置措施、落实相关预案，大大提高了故障处置的效率，保障了电网安全运行。河北新一代调度技术支持系统故障告警及协同处置模块如图9-6所示。

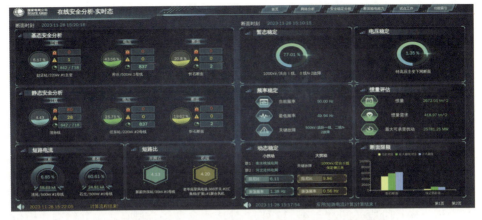

图 9-5   河北新一代调度技术支持系统在线安全分析模块

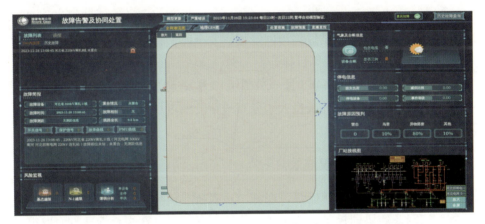

图 9-6   河北新一代调度技术支持系统故障告警及协同处置模块

新一代系统在充分继承 D5000 应用功能成果的基础上，通过对系统体系结构、数据组织模式和应用功能的提升、创新与发展，实现应用功能从事中向事前、事后发展，支持调控业务从电力系统向能源系统发展。

9.2   有源配电网调度管理综合试点

9.2.1   指导思想

全面落实"双碳"目标，以构建新能源为主体的新型电力系统为指引，统筹分布式发展与系统安全，统筹新能源消纳与电力供应，统筹社会服务与运营质效，准确把握保定电网能源属性和区位优势，补强短板、理顺界面、创新机制，按照能源互联网建设架构，重点开展能源网架升级、信息技术融合、管理模式拓展等工作，打造可借鉴、可复制、可推广的新型有源配电网管理的保定模式。

9.2.2 建设目标

以指导思想为指引，明确创新方向，推动保定新型有源配电网试点建设，逐步建成贯穿规划、并网、运行、服务全链条，涵盖顶层设计、技术支撑、管理机制全领域，"信息透明、调控灵活、源荷互动、主配协同"的新型有源配电网管理体系。为推动建设目标落地，计划在"十四五"期间按照试点先行、拓展示范、全面深化3个阶段开展建设工作。

试点先行阶段（2021年4—12月）：建成概念型综合试点。实现精准建模仿真、信息采集方案优化、功率预测精度提升、网络安防方案修订等重点任务。

拓展示范阶段（2022年1月—2023年12月）：建成示范性综合试点。重点完成差异化协同管理、全过程涉网管控、安全防御体系建设、技术支撑能力增强、灵活控制能力提升等目标。

全面深化阶段（2024年1月—2025年12月）：建成规模化综合试点。重点完成调度技术支持系统升级换代、分布式新能源市场机制研究、源网荷储协同调控等目标。

9.2.3 试点建设主要成效

试点建设在分布式新能源可观测、功率精准预测、出力可调可控和批量控制、源网荷储协同控制、分布式新能源和有源配电网规范管理方面取得了一定的成效。

1. 探索分布式新能源可观测

解决低压户用分布式光伏"信息看不见"的问题，实现可观、可测。目前，保定10kV分布式新能源信息全部是光纤采集，主要是解决低压户用分布式光伏看不见的问题，主要工作如下。

第一步，通过营销用采系统的宽带电力载波（HPLC），实现100%户用分布式光伏信息接入调度系统，采集精度为15min，解决有源配电网"盲调"问题。

第二步，对阜平17个试点光伏台区的用采集中器升级改造，把采集精度提升到1min，基本实现实时感知，解决"后知后觉"问题，并在保定徐水区全面推广，实现从"盲调"到"实时感知"的跨越。

第三步，在保定博野县试点应用配网电源管理单元（PMU），实现故障情况下的电网信息采集，采集精度进一步提升到"毫秒级"，实现每个周波采集

256个点。

2.　解决分布式光伏功率精准预测问题

以涿州为试点，建成国内首套县域分布式光伏功率预测系统，其有以下2个特点：

（1）基于电网结构开展预测建模，后续将实现电网潮流与分布式光伏出力的解耦分析。

（2）针对分布式新能源数量庞大难以逐个精确建模问题，开展了不同建模颗粒度对分布式新能源预测准确性的影响分析，尝试开展基于配电变压器、线路、母线、变电站4种颗粒度的建模预测，对比分析评估预测精度，为今后分布式光伏预测探索最佳的技术路线。

3.　解决低压户用分布式光伏出力可调可控、批量控制问题

通过贯通调控系统-营销用采系统的数据链路，实现国家电网公司首个基于用采系统的分布式光伏远程批量控制功能；通过控制分布式光伏智能电能表的开断实现分布式光伏的并网、离网操作。基于该功能还可实现设备过载防控和辅助调峰功能。

通过把每一个普通电能表都变成贯通调度端的采集、监视、控制终端，只要有电的地方就能接光伏、装电能表，有了电能表调度端就能监控，完全基于现有设备、现有系统，在不增加成本、不另开发系统情况下实现了分布式光伏的全部可控。

此外，项目探索多种技术路线的分布式新能源监控技术，具体如下：

（1）建成国内首个基于5G的分布式能源监控系统。在雄安和保定徐水建成投产示范工程，实现分布式新能源的状态感知、快速控制、协同调控。实现对大电网电压、频率快速响应支撑。该探索开创三个"首次"：首次基于5G网络、切片技术实现了分布式能源监控；首次提出并验证了无线网络安全防护体系；首次实现了分布式新能源的毫秒级控制（控制命令从5G子站到光伏用户，平均响应速度82ms）。

（2）在徐水同步建成基于4G和光纤通信的分布式能源群调群控试点，为后续监控技术路线对比提供了实际样本。

（3）在保定顺平试点建成智能配电物联网示范区，并在徐水太和庄村拓展应用。通过智能融合终端+微功率通信技术，实现台区内的自动控制，可解决电压高、台区设备反送重过载问题。此技术应用以来，通过对光伏功率进行调节，降低变压器过载5次，避免台区停电12h，多供电量2400kWh。为保障无线传输技术路线的信息安全，还在示范工程中探索适用于分布接入的

网络安防新模式，完善《分布式电源网络安全防护方案》，构建调度控制系统安全接入区，试点研发的"正、反向隔离、纵向加密"三合一分布式新能源场站安全接入隔离网关，具有保安全、降成本（降低40%）、易推广的特点，适合后续光伏整县开发场景应用。

4. 解决源网荷储协同控制

灵活运用行观测和控制分布式新能源的各项技术手段，实现源网荷储和主网、配网的协同控制，稳供应、保安全。

（1）具体调控措施如下：

1）电源侧——分布式精准控制。利用调控系统分布式光伏控制平台，实现控过载的效能。实现"省调AGC—地调AGC—光伏批量控制模块"协同控制，辅助电网调峰。

2）负荷侧——负荷聚合调控。在保定唐县冀东水泥有限公司应用，实现大工业错峰平谷。通过负荷聚合商，依托南网源网荷储平台，实现源荷互动。

3）储能侧——区域能源协调控制。试点配置分布式储能，平抑分布式光伏带来的配电网潮流起伏、电压波动、自主平衡，长城公司储能项目（180kW/479kWh）已投入运行。

（2）源网荷储协同控制具有以下特点：

1）精准规划。搭建分布式新能源服务平台，定期开展分布式新能源承载力评估测算，并开通面向用户端的承载力查询，定制承载力三色区位图，信息公开共享，指导电网规划的同时，科学引导分布式新能源有序接入。

2）精益调度。选取典型区域开展现有分布式新能源对低频控制能力影响分析，目前完成曲阳分布式光伏对低周实控负荷的影响展示，首次呈现所切负荷性质由荷到源的变化。

3）精细运维。有源配电网检修作业优先选择带电作业，其次夜间作业，最后选择日间检修，最大化新能源出力，最小化作业风险。日间检修前可通过调度主站基于用采系统的分布式批量控制，或台区智能融合终端遥分逆变器侧智能微型断路器，主动拉停分布式电源，实现源端隔离，保证作业现场的本质安全。

5. 强化对分布式新能源和有源配电网的规范管理

（1）差异对待，分级管。明确差异化协同管理、全过程涉网安全的管控思路。按照"10kV分布式与集中式同质化管理，户用分布式涉网安全向10kV看齐"的原则，针对10kV分布式新能源，在涉网性能、并网接入、信息采集等方面均与集中式光伏同等对待；针对户用分布式，特别是整县分布式光伏开发，建议按县设立集控中心，要求户用分布式光伏涉网性能、运行管理与

10kV分布式同等要求。

（2）建章立制，系统管。依据实际情况，针对配网检修、应急处置、并网管理等编制了7项规范，填补管理的"盲区"、梳理专业的"重叠区"，初步形成有源配电网制度体系。

（3）全程监督，规范管。完成户用光伏"前期接入→验收调试→并网运行"全过程涉网性能的规范化管理，并网前告知用户涉网相关技术要求，发布入网手册，并网验收时重点开展现场技术审核，在签订合同时将并网技术条件作为附件纳入合同，并组织电科院开展户用分布式光伏的并网检测，形成全过程、规范化的安全管控体系，相关制度已在保定清苑全流程试运转成功，后续将在整县分布式光伏开发中全面推广。

9.3 空间感应电压技术

9.3.1 研究背景

根据国调中心组织的排查结果，国网系统内部分500kV变电站存在三相短路失稳风险，且一直以来无有效解决办法。如何防控500kV及以上电网发生三相短路，是一项极其重要的研究课题。考虑到500kV及以上设备相间间距大（发生三相同时故障的概率极低）、接地线/接地开关操作同时性不高（带电合地线/接地开关发生三相故障的概率低）等实际情况，防三相短路主要是防带地线/接地开关（接地点）送电。

河北省调开拓创新，充分利用调度系统中故障录波及D5000监控系统（SCADA），通过采集、分析停运设备感应电压，并经仿真验证，发现设备是否接地对感应电压幅值、相角影响很大，利用感应电压可以快速准确地判断设备是否接地，从而防控三相短路。该方法仅需要设备配备三相TV，在不增加电网一、二次设备基础上，通过故障录波或D5000监控系统（SCADA）读取设备电压，即可有效防控500kV及以上线路、母线和主变压器等设备带地线/接地点送电，低本高效地解决电网三相短路失稳问题。

9.3.2 感应电基本原理

1. 静电耦合电容电压

由于带电设备与停电设备之间存在电容、停电设备与大地之间也存在电容，两个电容的分压作用会在停电设备上产生一定的电压，即为静电耦合电容电压。同塔双回或近区平行架设线路感应电压适用于该原理，静电耦合电容电压计算如图 9-7 所示。

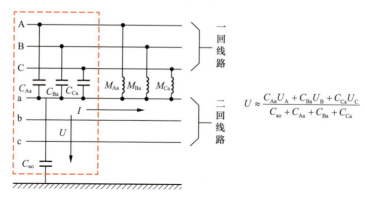

$$U \approx \frac{C_{Aa}U_A + C_{Ba}U_B + C_{Ca}U_C}{C_{ao} + C_{Aa} + C_{Ba} + C_{Ca}}$$

图 **9-7** 静电耦合电容电压计算

2. 电磁感应互感电压

由于线路间互感作用，在运行线路上通过较大电流时，停运线路会产生一定的纵向电压，导致线路两端存在电压差。同塔并架或近区平行架设线路，停运线路有接地点时，其感应电压适用于该原理，电磁感应互感电压计算如图 9-8 所示。

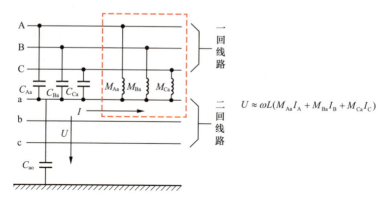

$$U \approx \omega L (M_{Aa}I_A + M_{Ba}I_B + M_{Ca}I_C)$$

图 **9-8** 电磁感应互感电压计算

3. 开关断口电容分压

在设备热备用时，开关断口并联电容和设备对地阻抗之间形成通路，在停电设备上产生分压。单回架设线路，母线，主变压器等设备适用于该原理，开关断口电容分压计算如图 9-9 所示。

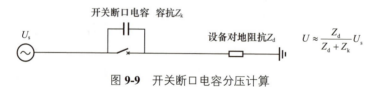

$$U \approx \frac{Z_d}{Z_d + Z_k} U_s$$

图 **9-9** 开关断口电容分压计算

9.3.3　关键影响因素分析

1. 同塔双回和近区平行线路（无接地）

同塔双回或近区平行架设线路热备用时，感应电压主要由线路间电容和停运线路对地电容分压产生，大小由线路间耦合电容及线路对地电容比例决定。经仿真分析，线间距离、导线对地距离及同塔占比等因素变化均会影响两个电容比例大小，从而影响感应电压大小，如图9-10所示。

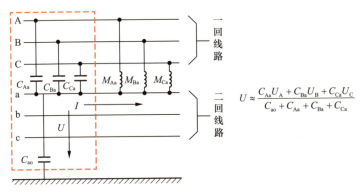

$$U \approx \frac{C_{Aa}U_A + C_{Ba}U_B + C_{Ca}U_C}{C_{ao} + C_{Aa} + C_{Ba} + C_{Ca}}$$

图 **9-10**　同塔双回和近区平行线路的感应电压

（1）线间距离。线间距离增加，线路间耦合电容减小，感应电压降低。对于同塔双回线路，线间距离变化范围有限，影响较小；对于平行架设线路，线间距离可变化范围较大，对感应电压影响较大。线间距离对感应电压的影响如图9-11所示。

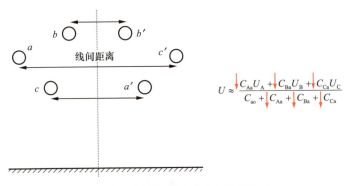

$$U \approx \frac{\downarrow C_{Aa}U_A + \downarrow C_{Ba}U_B + \downarrow C_{Ca}U_C}{C_{ao} + \downarrow C_{Aa} + \downarrow C_{Ba} + \downarrow C_{Ca}}$$

图 **9-11**　线间距离对感应电压的影响

（2）导线对地距离。与导线对地距离有关的因素主要有呼高、导地线距离、弧垂等。呼高、导地线距离增大，停电线路与大地间距离增大，对地电容减小，感应电压升高。受客观因素限制，呼高、导地线距离、弧垂的变化范围有限，实际对感应电压的影响程度有限。导线对地距离对感应电压的影响如图9-12所示。

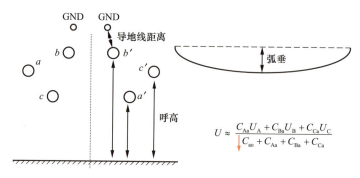

$$U \approx \frac{C_{Aa}U_A + C_{Ba}U_B + C_{Ca}U_C}{C_{ao} + C_{Aa} + C_{Ba} + C_{Ca}}$$

图 **9-12**　导线对地距离对感应电压的影响

（3）同塔占比。同塔线路上感应电压只与同塔长度占线路总长度的比例有关，大小与占比呈线性正相关关系；全线同塔线路感应电压与线路长度无关。同塔占比对感应电压的影响如图9-13所示。

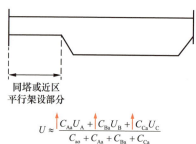

$$U \approx \frac{C_{Aa}U_A + C_{Ba}U_B + C_{Ca}U_C}{C_{ao} + C_{Aa} + C_{Ba} + C_{Ca}}$$

图 **9-13**　同塔占比对感应电压的影响

2. 同塔双回和近区平行线路（有接地）

同塔双回或近区平行架设线路一端接地时，另一端感应电压主要为线路间电磁耦合感应在停运线路上产生的纵向电压，大小由线路间距离及运行线路潮流决定。经仿真分析，线间距离、同塔或平行部分线路长度及潮流等因素变化均会影响感应电压大小，同塔双回和近区平行线路的感应电压计算如图9-14所示。

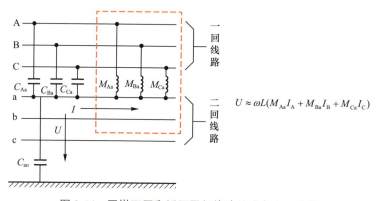

$$U \approx \omega L(M_{Aa}I_A + M_{Ba}I_B + M_{Ca}I_C)$$

图 **9-14**　同塔双回和近区平行线路的感应电压计算

（1）线间距离增加→感应电压降低。线间距离增加，线路间互感减小，感应电压降低。对于同塔双回线路，线间距离变化范围有限，影响较小；对于平行架设线路，线间距离可变化范围较大，对感应电压影响较大。

（2）同塔或平行线路潮流增大→感应电压升高。同塔或平行线路潮流增大，感应到停电线路上的电流增大，感应电压升高，感应电压大小与潮流呈线性正相关。

（3）同塔或平行部分线路长度增大→感应电压升高。当同塔或平行的线路长度增大时，线路间互感增大，感应电压升高，感应电压大小与并行长度呈线性正相关。

基于上述分析，考虑同塔双回线路线间距离变化范围有限，可拟合得出单位并行长度、单位潮流时的感应电压基准值。垂直排列的上相、中相、下相分别为0.34、0.11、0.26V/（km×万kW）。该基准值乘以并行部分线路长度与运行线路潮流即可估算停电线路一端接地时，另一端感应电压，停电线路一端接地时另一端感应电压计算见式（9-1）。

$$U_1 = U_2 \times l \times p \tag{9-1}$$

式中：U_1为停电线路一端接地时，另一端感应电压；U_2为单位并行长度、单位潮流时的感应电压基准值；l为并行部分线路长度；p为运行线路潮流。

3. 单回线路感应电压数据及理论分析

单回线路感应电压示意图如图9-15所示。

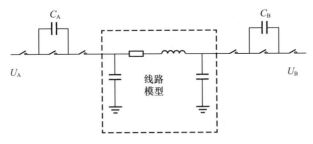

图 **9-15** 单回线路感应电压示意图

单回线路无静电耦合电容影响，其感应电压主要为开关断口并联电容与线路对地阻抗的分压作用产生。由于均为电容分压，相角与电源相角相同，均相差120°，表现为正序电压特性。可通过计算冷备用、热备用感应电压相量差，求取断口电容电压分量，剔除线路间感应电压的影响，在感应电压较小时也可准确感知设备异常状态。

以辛官 I 线为例，线路两侧开关断开，并联电容电压分量三相有效值均为0.8kV左右，相角相差120°，辛官 I 线感应电压见表9-1。

表 9-1　　　　　　　　　　　　　辛官 I 线感应电压

停电线路	相别	辛安侧		官路例	
		有效值（kV）	角度	有效值（kV）	角度
辛官 I 线停电（热备用）	A相	0.81	30.4	0.73	−129.3
	B相	0.94	−73.4	0.92	123.5
	C相	0.62	168.8	0.62	9.7
辛官 I 线停电（冷备用）	A相	0.17	98.6	0.17	35.9
	B相	0.16	102.3	0.16	38.4
	C相	0.21	103.9	0.19	35.1
冷热备用感应电压向量差	A相	*0.79*	*−137.5*	*0.75*	*63.7*
	B相	*0.80*	*101.2*	*0.76*	*−60.2*
	C相	*0.80*	*−19.3*	*0.75*	*178.3*

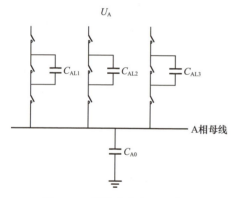

U_A

A相母线

图 9-16　母线感应电压示意图

4. 母线感应电压数据及理论分析

母线感应电压主要由开关断口并联电容和母线对地阻抗分压所致，母线感应电压示意图如图9-16所示。由于母线对地高度和相间距离相对固定，对地容抗变化不大，母线感应电压受开关断口电容影响较大（500kV母线一般仅配置单相TV）。

以石北站500kV#2主变压器停电为例。在母线停电转热备用后电压约为62.28kV，随着母线转冷备用操作，接于母线的断口电容不断减少，母线电压呈阶梯式降低，在仅剩一个开关热备用时电压为24.5kV，阶梯个数与500kV母线上的开关个数相当，石北站500kV#2主变压器停电感应电压见表9-2。

表 9-2　　　　　　石北站 **500kV#2** 主变压器停电感应电压

母线	状态	相别	有效值（kV）
石北站500kV#2母线停电	母线热备用（#3主变压器的5013开关冷备用，第二串5023开关冷备用）	B相	62.28

母线	状态	相别	有效值（kV）
石北站 500kV#2 母线停电	忻石Ⅰ线 5083 开关冷备用	B相	43.50
	忻石Ⅱ线 5073 开关冷备用	B相	24.50
	忻石Ⅲ线 5063 开关冷备用 （母线及其上开关冷备用）	B相	0.89

5. 主变压器感应电压数据及理论分析

主变压器感应电压主要由开关断口并联电容和主变压器对地阻抗分压所致，主变压器感应电压示意图如图9-17所示。一般情况下，仅500kV及以上开关配备开关断口并联电容，主变压器感应电压主要受高压侧开关状态影响。

以官路站500kV#3主变压器停电为例（3/2接线）。主变压器热备用时，感应电压约为33kV；高压侧一个开关转冷备用后，感应电压降为19kV；高压侧两个开关均冷备用后，感应电压降为0.1kV，官路站500kV#3主变压器停电感应电压见表9-3。

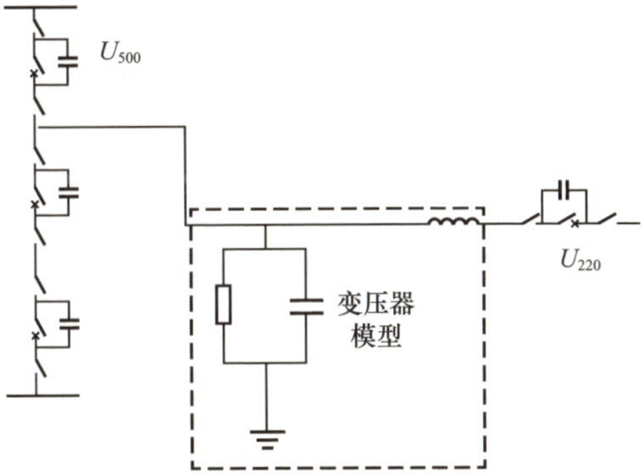

图 9-17　主变压器感应电压示意图

表 9-3　　官路站 **500kV#3** 主变压器停电感应电压

停送电设备	状态	相别	故障录波	
			有效值（kV）	角度
官路#3主变 压器停电	热备用	A相	*33.593*	156.941
		B相	32.894	38.74
		C相	34.011	−81.182
	中压侧冷备用， 高压侧热备用	A相	*33.643*	69.995
		B相	32.963	−48.268
		C相	34.033	−168.177
	高压侧其中之一 开关冷备用	A相	*19.145*	39.534
		B相	18.832	−78.36
		C相	19.458	161.308
	冷备用	A相	*0.163*	−151.368
		B相	0.098	−42.98
		C相	0.058	32.314

9.3.4 感应电压判据库

1. 基本功能

（1）判据卡：通过综合分析仿真与实测数据，针对网内所有500kV及以上设备建立感应电压判据卡，是判据库的核心部分。

（2）判据校核：停送电操作过程中，可调阅相应设备感应电压判据卡，输入实测数据后，自动完成感应电压校核，以防带接地点送电。

（3）判据新增（修订）流程：新设备投运，或在实际操作中发现判据偏离实测数据较大，启动相应流程，经审批通过后完成判据新增（修订）。

（4）查询与统计分析：通过数据库查询设备感应电压判据，统计停送电操作校核情况。

2. 同塔双回或近区平行架设线路感应电压判据卡

同塔双回或近区平行架设线路感应电压判据卡见表9-4。

表 9-4　　　同塔双回或近区平行架设线路感应电压判据卡

500kV忻石1线感应电压判据卡						单位：kV
关键设备状态	判据	相别	忻都站	石北站	误差率	关键影响因素
忻石2线　投☑停□	无接地判据 （两侧开关热备用，高抗运行）	A	7.2	7.8	±20%	
		B	3.2	2.7		
忻石3线　投☑停□		C	5.4	6.0		
	金属性接地判据	A	<1.0	<0.9		
忻石4线　投☑停□		B	<0.8	<0.8		
		C	<0.8	<0.7		
	接地位置	首端接地	A	0.0	0.9	500kV忻石四回线近区平行架设
			B	0.0	0.8	
			C	0.0	0.7	
		中间接地	A	0.6	0.4	
			B	0.5	0.8	
			C	0.5	0.3	
		末端接地	A	1.0	0.0	
			B	0.8	0.0	
			C	0.8	0.0	

500kV忻石1线防范带地线合闸工作卡					单位：kV
停电操作时间	关键设备状态	记录感应电压时刻	相别	忻都站	石北站	判据校核
	忻石2线　投☑停□	两侧开关热备用高抗运行	A			
	忻石3线　投☑停□		B			
	忻石4线　投☑停□		C			

续表

送电操作时间	关键设备状态	记录感应电压时刻	相别	忻都站	石北站	是否满足合闸条件
	忻石2线　投☑停□	两侧开关热备用高抗运行	A			
	忻石3线　投☑停□		B			
	忻石4线　投☑停□		C			

3. 单回线路感应电压判据卡

单回线路感应电压判据卡见表9-5。

表 9-5　　　　　　　　　单回线路感应电压判据卡

500kV廉集线感应电压判据卡							单位：kV
设备状态	相别	廉州站		辛集站		误差率	关键影响因素
		有效值	相角	有效值	相角		
热、冷备用向量差判据	A	0.8	−89	0.9	−100	±20%	（1）无同塔或近区架设线路。（2）两侧开关断口并联电容作用
	B	0.8	150	0.8	139		
	C	0.8	36	0.9	24		
金属性接地判据	A	<0.3		<0.3			
	B	<0.3		<0.3			
	C	<0.3		<0.3			

500kV廉集线防范带地线送电工作卡						单位：kV
停电操作时间	记录感应电压时刻	相别	廉州站		辛集站		判据校核
			有效值	相角	有效值	相角	
	两侧开关热备用	A					
		B					
		C					
	两侧开关冷备用	A					
		B					
		C					
	热、冷备用向量差	A					
		B					
		C					

送电操作时间	记录感应电压时刻	相别	廉州站		辛集站		是否满足合闸条件
			有效值	相角	有效值	相角	
	两侧开关冷备用	A					
		B					
		C					
	两侧开关热备用	A					
		B					
		C					
	热、冷备用向量差	A					
		B					
		C					

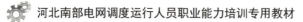

4. 主变压器感应电压判据卡

主变压器感应电压判据卡见表9-6。

表 9-6 主变压器感应电压判据卡

廉州站#2主变感应电压判据卡				单位：kV
设备状态	相别	判据	误差率	关键影响因素
热备用判据 （三侧开关热备用）	A	18 ～ 34	±20%	主变高压侧开关断口电容作用
	B	19 ～ 34		
	C	18 ～ 34		
金属性接地判据	A	<0.1		
	B	<0.1		
	C	<0.1		

廉州站#2主变防范带地线合闸工作卡				单位：kV
停电操作时间	记录感应电压时刻	相别	实测值	判据校核
	三侧开关热备用	A		
		B		
		C		
送电操作时间	记录感应电压时刻	相别	实测值	是否满足合闸条件
	三侧开关热备用	A		
		B		
		C		

5. 母线感应电压判据卡

母线感应电压判据卡见表9-7。

表 9-7 母线感应电压判据卡

石北站500kV#1母线感应电压判据卡				单位：kV
设备状态	相别	判据	误差率	关键影响因素
热备用判据（母线热备用）	A	11 ～ 92	±20%	（1）母线开关断口电容作用。 （2）母线上热备用开关个数越多，感应电压越高
	B	11 ～ 92		
	C	11 ～ 92		
金属性接地判据	A	<0.8		
	B	<0.8		
	C	<0.8		

石北站500kV#1母线防范带地线合闸工作卡				单位：kV
停电操作时间	记录感应电压时刻	相别	实测值	判据校核
	母线热备用	A		
		B		
		C		

续表

送电操作时间	记录感应电压时刻	相别	实测值	是否满足合闸条件
	母线热备用	A		
		B		
		C		

9.3.5　实践应用

1. 500kV瀛易Ⅰ线故障处置

500kV瀛易双线为同塔双回线路，瀛易Ⅰ线热备用、瀛易Ⅱ线运行时，瀛易Ⅰ线A相感应电压历史数据约为15kV，瀛易Ⅰ线感应电压历史数据见表9-8。

表 9-8　　　　　　　　　　瀛易Ⅰ线感应电压历史数据

停电线路	相别	瀛州侧		易水侧	
		有效值（kV）	角度	有效值（kV）	角度（°）
瀛易Ⅰ线停电（热备用）	A相	**_15.76_**	−21.0	**_15.60_**	−9.2
	B相	25.20	137.0	25.20	149.8
	C相	2.38	150.4	2.93	166.2

瀛易Ⅰ线故障掉闸后，两侧观测到A相感应电压分别为0.1kV与0.25kV，远低于15kV，瀛易Ⅰ线故障掉闸后A相感应电压如图9-18所示。由此可判断瀛易Ⅰ线仍存在接地点，不得试送，避免了带故障点试送对电网的二次冲击。

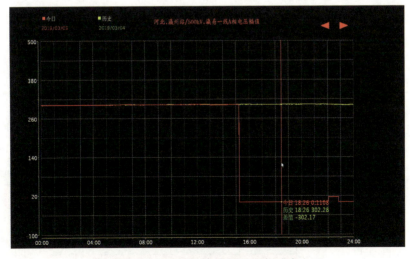

图 **9-18**　瀛易Ⅰ线故障掉闸后 A 相感应电压

瀛易Ⅰ线转冷备用过程中，在5012-1刀闸拉开后，感应电压跃升至15kV，应是接地点消除所致。由此，可准确定位故障点在5012-1刀闸与5012开关之间，瀛易Ⅰ线故障示意图如图9-19所示。

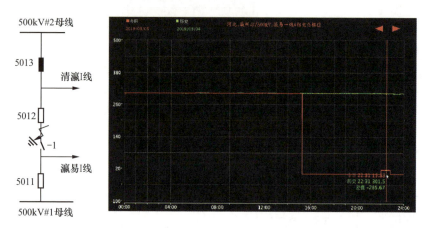

图 **9-19** 瀛易Ⅰ线故障示意图

2. 石北站500kV倒间隔工程

500kV北清Ⅰ线为单回线路，无同塔和平行架设线路，热备用时感应电压仿真值约为0.5kV。

北清Ⅰ线送电过程中，线路转热备用后，清苑站A相感应电压仅为0.07kV，与计算值、停电实测值（0.37kV）均相差较多，北清Ⅰ线感应电压见表9-9。考虑到石北站感应电压无异常，由此可以判断，线路一次无接地问题，应为清苑侧TV二次回路存在异常。后经检测确定为清苑站北清Ⅰ线TV二次小开关接触不良。

表 **9-9** 北清Ⅰ线感应电压

停送电设备	设备状态	相别	石北侧		清苑侧	
			有效值（kV）	角度	有效值（kV）	角度
北清Ⅰ线停电	热备用	A相	0.56	−173.8	0.37	−169.5
		B相	0.70	89.5	0.72	83.2
		C相	0.43	−49.3	0.51	−29.5
	冷备用	A相	0.17	−32.7	0.22	−15.6
		B相	0.19	−14.8	0.19	8.4
		C相	0.20	51.7	0.11	70.0

续表

停送电设备	设备状态	相别	石北侧		清苑侧	
			有效值（kV）	角度	有效值（kV）	角度
北清Ⅰ线送电	冷备用	A相	0.16	-6.8	0.06	148.1
		B相	0.19	9.4	0.05	-114.4
		C相	0.18	79.8	0.10	-100.2
	热备用	A相	*0.56*	176.3	*0.07*	-71.4
		B相	0.72	81.1	0.73	-59.2
		C相	0.42	-56.5	0.52	-172.5

3. 1000kV定台双线线启动投产

1000kV定台双线为全线同塔线路，投运期间定台Ⅰ线保持冷备用状态，因此定台Ⅱ线可视作单回线路，采取计算冷、热备用相量差的方式判断设备异常情况。

计算定台Ⅱ线相量差后，发现邢台侧三相幅值基本相同，相角相差120°，符合断口并联电容感应电压判据；保定侧A相幅值和相角存在较大差异，B、C相基本符合上述判据，由此判断为保定侧A相TV回路存在异常，定台Ⅱ线感应电压见表9-10。后经检查确认为保定站定台Ⅱ线A相TV接线端子虚接。

表**9-10**　　　　　　　　　　　定台Ⅱ线感应电压

停电线路	相别	保定侧		邢台侧	
		有效值（kV）	角度	有效值（kV）	角度
定台Ⅱ线 （两侧均冷备用）	A相	0.11	-139.8	0.75	342.4
	B相	0.57	43.3	0.62	316.9
	C相	0.58	51.6	0.65	324.8
定台Ⅱ线 （保定冷备用、邢台热备用）	A相	0.11	-104.3	0.58	251.3
	B相	0.91	97.6	1.00	201.7
	C相	0.51	71.0	0.62	140.8
向量差	A相	*0.01*	*127.5*	0.48	111.3
	B相	0.38	77.1	0.43	-4.9
	C相	0.22	-67.8	0.57	-154.7

9.4　电网调度运行指标

9.4.1　指标建设背景及概述

随着电网规模不断扩大，监视控制环节众多，电网运行调节难度大，且随着新能源快速发展，电网运行特性改变，统筹电力保供与新能源消纳愈发困难。调度业务范围不断扩充，单点问题需要依托离散分布的各类支撑系统进行综合研判，运行质效有待提升。

基于上述典型问题，河北省调探索建立适应于省级电网运行特点的电网运行指标体系，科学评估电网安全稳定水平、系统平衡调节能力及清洁能源消纳水平，实现大电网实时运行的在线评价与综合展示，为调控运行人员驾驭复杂电网提供有力技术支撑。

在大电网侧，创建"静态安全、平衡调节、新能源消纳、运行调整监视、检修风险量化、电力碳排放"6大指标应用场景、44项指标内容，构筑调度核心业务流程安全管控防线，提升大电网运行控制能力，大电网侧6大指标应用场景如图9-20所示。

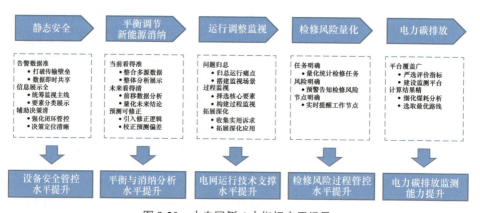

图 9-20 大电网侧6大指标应用场景

在配电网侧，创新定义有源配电网"功率上送安全水平、电压安全水平、源载水平、分布式光伏感知控制水平、分布式光伏持续并网发电水平"5大监测体系、16项监测内容，创建有源配电网监测平台，构筑从低压到主网的全路径透视化实时监测标准，配电网侧5大监测体系如图9-21所示。

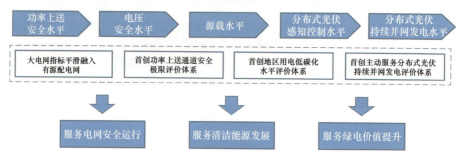

图 9-21 配电网侧5大监测体系

9.4.2 典型指标介绍

1. 静态安全指标

按照"告警数据准、信息展示全、辅助决策清"建设思路，通过"源端数据秒级采集、重点监视要素分类展示、辅助决策手段精准嵌入"，构建静态安全指标告警全过程管控体系，实现指标告警"一键式"详情分析，提升告警处置效率。静态安全指标告警全过程管控体系界面如图9-22所示。

图 9-22 静态安全指标告警全过程管控体系界面

（1）静态安全指标告警全过程管控体系具有以下特点：

1）打破传输壁垒，数据即时共享。打破Ⅰ、Ⅱ、Ⅲ区运行数据采集延时壁垒，构建控制区之间数据秒级采集、存储、共享技术路线，在完全满足指标建设规范要求基础上，有效缩短指标计算周期，提升指标评估结果时效性，保证评估结果对电网实时运行的指导意义。

2）统筹监视主线，要素分类展示。打造"全网评价、单一设备、列表详情"展示区。"全网评价"展示低于安全裕度目标值设备数量与占比，同时展示当前安全裕度小于零设备的台数，全面反映当前全网设备运行概况；"单一设备"展示各安全裕度区间内设备数量与占比，同时展示日内安全裕度曾经低于目标值的所有设备，全方位呈现电网设备运行实况；"列表详情"展示安全裕度评估值较低设备的告警详情，同时嵌入与实时运行密切相关的设备信息关键要素，包括今日最大负载率、过载10%限值、是否为电缆等，有效提升关键监视信息数据获取效率。

3）强化闭环管控，决策定位清晰。贯通指标平台与电网安全分析平台数据，针对N-1过载安全裕度较低的设备，按照发电机组出力对其灵敏度高低列出调整序列，迅速定位告警消除措施，构建"告警出现、详情展示、告警消除"的全过程分析展示模式。

（2）下面选取典型静态安全指标进行介绍。

1）线路过载安全裕度。重点从线路名称、实时电流、额定电流、负载率、今日最大负载率、过载10%限值［若为含电缆、全电缆线路，此列显示"全电缆（或含电缆）线路"］六方面展示。

a. 全网线路评价。根据"线路过载安全裕度小于60%线路条数占全网线路条数比例"与"是否有线路过载安全裕度小于0"，制定评价标准。

b. 单条线路评价。根据"线路过载安全裕度"，展示不同过载安全裕度线路数量和比例，分（-∞，0）、[0，20%）、[20%，40%）、[40%，60%）、[60%，100%]五类，同时统计当日出现的过载安全裕度小于20%线路。

2）断面安全裕度。此指标目前只面向"锦府送出系统"，包括"锦界机组总出力、府谷机组总出力、锦界府谷机组总出力"三个断面，根据实时出力和断面限额比例制定评价标准，同时显示断面当前潮流、断面限额。

3）N-1线路过载安全裕度（220kV及以上线路）。列表内容包括"线路名称、切除元件、实时电流、N-1电流、额定电流、越限百分比、灵敏度机组"七列。

a. 全网线路评价。根据"N-1线路过载安全裕度小于10%线路条数占全网线路条数比例"与"是否有N-1线路过载安全裕度小于0"，制定评价标准。

b. 单条线路评价。根据"N-1线路过载安全裕度"，展示不同过载安全裕度线路数量和比例，分（-∞，0）、[0，10%）、（10%，20%]、（20%，60%]、（60%，100%]五类，同时嵌入今日曾经出现的N-1过载安全裕度小于0线路展示。

4）N-1主变压器过载安全裕度（500kV及以上主变压器）。列表详情包括"主变压器名称、切除元件、实时负载（即实时视在功率）、N-1负载（即N-1视在功率）、额定容量、长期运行过载倍数/限值（若为500kV主变压器）、30min过负荷倍数及限值（若为500kV主变压器）、越限百分比、灵敏度机组"九列。

a. 全网主变压器评价。根据"N-1主变压器过载安全裕度小于0主变压器台数占全网主变压器台数比例"与"是否有N-1主变压器过载安全裕度小于-30%",制定评价标准。

b．单台主变压器评价。根据"N-1主变压器过载安全裕度",展示不同过载安全裕度主变压器台数和比例,分（-∞，-30%）、[-30%，0）、[0，20%）、[20%，60%）、（60%，100%]五类,同时嵌入今日曾经出现的过载安全裕度小于0%主变压器展示。

2．平衡调节与新能源消纳指标

按照"当前看得准、未来看得清、预测可修正"建设思路,构建电力平衡分析平台,通过整合平衡调节实时数据、量化展示未来态预测结论、精准校正预测与实际偏差,实现电网实时与未来态数据"可测、可观、可调"。电力平衡分析平台中平衡调节与新能源消纳指标界面如图9-23所示。

图9-23　电力平衡分析平台中平衡调节与新能源消纳指标界面

（1）电力平衡分析平台具有以下特点：

1）整合多源数据,整体分析展示。整合全网负荷、常规机组出力、新能源发电出力、抽蓄机组水位及运行工况等数据,依托电力平衡分析平台进行数据处理与整体展示,有效缩短不同系统间切换调阅时间。开发抽蓄机组水位临界告警指标,根据机组发电、抽水实时出力与上下水库水位定义指标计算逻辑,实时预判抽蓄机组运行调整能力。

2）前移数据分析,量化未来结论。全景接入预测原始数据,将全网负荷、新能源出力等预测数据统一接入电力平衡分析平台,量化展示未来预测结果。灵活开展数据分析处理,依托全网负荷及新能源出力、联络线电力等实时数据反推当前火电机组最大、最小技术出力，以此为基准结合未来态预测数据，实时评估未来4h电网平衡调节裕度与新能源消纳能力，有效解决地方小电厂数据采集质量低、调整速率慢、控制容量小等对平衡裕度测算的干扰。多元呈现未来计算结论，以曲线、列表两种形式直观展示未来态预测数据、平衡分析结论、计算与实际偏差，助力调度员便捷高效开展评估；创新开展抽蓄调用评估，根据上下水库实时水位自动计算抽蓄机组多组合、多方式、多状态下调节时长，辅助调度员灵活制定最优调用策略。

3）引入修正逻辑，校正预测偏差。量化展示超短期负荷、新能源等电力平衡各类数据预测值与实际偏差，提供抽蓄机组发电、抽水电力与时段灵活调用组合，引入自动或人工修正逻辑，滚动校正全网未来调节裕度与新能源消纳能力。

（2）电力平衡分析平台涉及具体指标如下：

1）旋转备用。P值设定为实时备用与最小运行备用比值，按照大于110%、100%～110%和小于100%制定评价标准。并以此方式对超短期向上、向下平衡裕度进行评价。根据阈值划分为正常、告警、紧急三个状态，超短期平衡裕度评价指标见表9-11。

表 **9-11**   超短期平衡裕度评价指标

状态	正常	告警	紧急
指标	$P \geqslant 1.1$	$1.1 > P \geqslant 1$	$P < 1$
指示灯颜色	绿色	橙色	红色

2）实时电网调峰受阻电力。该计算模块主要在新能源弃限时使用。根据调峰受阻电力占清洁能源可用出力的比例将调峰受阻情况分为正常、告警、紧急三个状态，调峰受阻情况评价指标见表9-12。

表 **9-12**   调峰受阻情况评价指标

状态	正常	告警	紧急
指标	$P_J = 0\%$	$30\% \geqslant P_J > 0\%$	$P_J > 30\%$
指示灯颜色	绿色	橙色	红色

其中，指标计算公式如下：

$$P_J = \frac{(P_{超短期风电预测} + P_{超短期光伏预测}) - (P_{风电实时出力} + P_{光伏实时出力})}{P_{超短期风电预测} + P_{超短期光伏预测}} \times 100\% \quad （9\text{-}2）$$

3）张河湾抽蓄电站持续发电/抽水时间。根据抽蓄电站"上水库库容曲线表"，结合当前开机方式、上库水位等数据自动计算当前可发电、抽水时长 T_{dj}，由此制定评价标准。张河湾抽蓄电站持续发电/抽水时间评价指标见表9-13。

表 **9-13** 张河湾抽蓄电站持续发电/抽水时间评价指标

状态	正常	告警	紧急
指标	$T_{dj} > 2$	$2 > T_{dj} > 1$	$T_{dj} < 1$
指示灯颜色	绿色	橙色	红色

3. **区域联络线偏差控制指标**

按照"问题归总、过程监视、拓展深化"建设思路，通过搭建多业务组合监视场景、结果及计算过程全流程监视、延伸指标体系应用业态，从"零"设计电网运行调整告警监视主线，对技术支持系统运行可靠性、电网调节资源可用性等开展异常告警监视与实时调用能力评估，提升运行调整关键环节掌控能力。

采用区域联络线偏差控制指标进行评价有以下特点：

（1）归总运行痛点、搭建监视场景。以问题为导向，以化解以往运行调整风险为突破口，深入剖析电网运行调整存在问题，搭建"区域联络线偏差控制、华北/河北A1偏差监视、新能源弃限功能监视、火电机组调节性能监视、网络拓扑准确性"5类业务组合监视场景，涵盖电网运行调整核心环节，区域联络线偏差控制指标界面如图9-24所示。

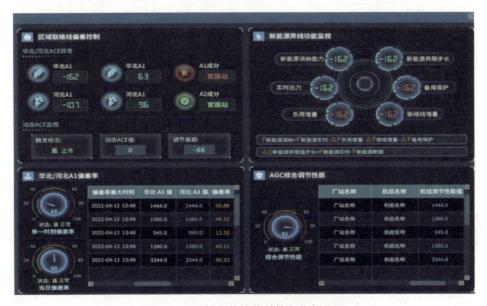

图 **9-24** 区域联络线偏差控制指标界面

（2）选择核心要素、构建过程监视。"区域联络线偏差控制"创建"华北ACE异常、河北ACE异常、动态ACE监视"3大类9项指标，针对下发与自算A1、A2值及其计算公式56项数据成分设置异常判断逻辑，辅助迅速定位异常源头；设置"触发标志、动态ACE值、调节差额"3项监视要素，强化"动态ACE"触发后省级控制区监控手段。"华北/河北A1偏差监视"创建"下发与自算A1偏差率、偏差率越阈值时段占比"2项指标，全时段评估偏差实况与历史过程，强化紧急情况下AGC系统切本地控制证据链条，打造AGC控制目标值"双保险"，华北ACE、河北ACE异常告警指标分别如图9-25、图9-26所示。"新能源弃限功能监视"创建未来1min"新能源消纳能力、弃限步长"2类6项指标，针对目标值及其计算公式4项数据成分设置"拉直线、越阈值"双判断逻辑，全过程监督新能源弃限执行准确性，强化技术支持系统异常预警能力。"网络拓扑准确性"创建"国调模型、本地模型、拼接计算模型状态估计结果、本地/拼接模型状态估计偏差率"4项指标，对安全分析模型状态估计结果进行全过程监视与评价，确保模型数据准确性，保障计算分析结果合理性与指导性。

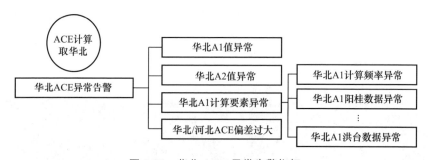

图 9-25 华北 ACE 异常告警指标

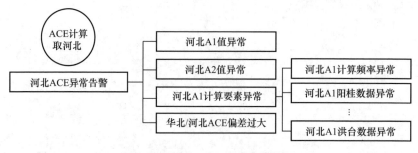

图 9-26 河北 ACE 异常告警指标

（3）收集实用诉求、拓展深化应用。广泛收集调度运行一线实用诉求，构建场景化告警指标解决方案，针对"火电机组调节性能掌控力弱"运行控制难点，依据机组综合调节性能定义单机与全网评价标准，将性能评价由"两个细则"事后评估向实时评判转变，提升调度员对电网有效调节资源掌控能力。

4. 检修风险量化指标

按照"任务明确、风险明确、节点明确"建设思路，通过量化统计检修任务数量、预警告知六级以上检修风险、实时提醒工作开竣工关键节点，创建"待执行检修风险量化、正在执行检修风险量化"2类8项指标，对"待执行与正在执行"检修任务量化统计，对"六级以上"电网风险工作预警告知，对"开竣工时间已到"检修工作实时提醒，打造检修工作风险过程管控体系，检修风险量化指标界面如图9-27所示。

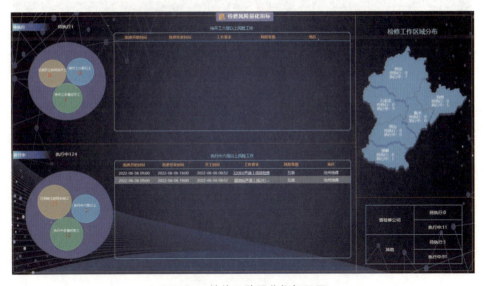

图 9-27　检修风险量化指标界面

采用检修风险量化指标进行评价有以下特点：

（1）量化统计检修任务。打通多平台数据共享通路，指标建设平台实时抽取、筛选调度管理系统各流程节点检修工作票对应数据，将待执行与正在执行检修工作集成量化展示。

（2）预警告知检修风险。整合待执行与正在执行的六级以上电网风险检修工作，通过列表形式展示"批准开竣工时间、实际开竣工时间、工作要求、风险等级、所属地区"等关键要素，便于值班员迅速了解当前电网检修薄弱环节，针对性做好风险防控预案。

（3）实时提醒工作节点。将检修工作"开工时间已到未开工、应在本值内开工、竣工时间已到未竣工、应在本值竣工"工作数量以指标形式单独展示，有效防控检修任务繁重阶段开竣工不及时问题，规避因人为因素导致电网处于非正常运行方式时间，提升检修计划操作准时率。

5. 河北南网电力碳排放监测平台

按照"平台覆盖广、计算结果精"建设思路，构建河北南网电力碳排放监测平台，通过下沉碳排放指标评价范围、细化度电煤耗系数偏差分析，实现河北南网全网及各地区电力碳排放精准监视。河北南网电力碳排放监测平台界面如图9-28所示。

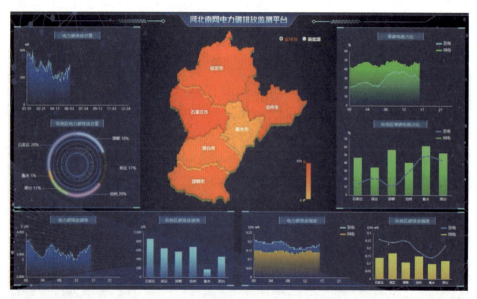

图 9-28　河北南网电力碳排放监测平台界面

河北南网电力碳排放监测平台具有以下特点：

（1）严选评价指标、建设监测平台。严格遵循国调中心电力碳排放指数定义，打造融合"电力碳排放总量、电力碳排放实时速率、电力碳排放强度、零碳电能占比"4类6项指标为一体的河北南网电力碳排放监测平台，强化属地展示要求，将4类指标评价范围细化分解至6个地市，实时展示全网及各地区电力碳排放概况，评价地区电力碳排放演变进程。

（2）细化煤耗分析、选取最优路线。收集全网23家主力电厂、60台火电机组2023年日标煤耗量数据，从"供热季度电煤耗变化、统一煤耗系数技术路线对比、机组负荷工况与历史煤耗折算"3个维度开展度电煤耗分析，选取河北南网最优技术路线。供热季度电煤耗变化，根据全网日标煤耗量与发电量，折算年度日均度电煤耗量，分析不同季节特性下机组"时段性"度电煤耗变化趋势，量化供热季度电煤耗增幅。统一煤耗系数技术路线对比，计算前1、3、7、14、30天实际日度电煤耗量，动态修正今日数据，根据今日实际发电量折算煤耗量，并与今日实际煤耗量偏差计算，从"偏差跳变效应、年度煤耗量偏差"2个维度评判5种技术路线优劣，确定河北南网最优技术路线。机组负荷工况与历史煤耗折算，依据机组"煤耗查定试验"，制定"负荷工况-度电煤耗"映射表，根据机组实时出力动态选取煤耗系数，评估折算煤耗量与实际偏差，分析煤耗查定试验结论在供热季的"非普适性"；沿袭"统一系数"技术路线，分析单台机组不同时间尺度下历史煤耗量折算与实际偏差数据规律，提出技术路线选取与后续研究建议。

6. 有源配电网指标建设

有源配电网指标建设分两部分，一部分为常规指标建设，针对配网有源化后电网存在的"功率上送、主设备N-1过载、电压波动和闪变"等问题，开发"有源配电网功率上送安全水平、有源配电网电压安全水平、有源配电网源载水平"3项一级指标；另一部分针对未来发展需要，拓展有源配电研究深度，开发"分布式光伏感知控制水平、分布式光伏持续并网发电水平"等指标内容，丰富有源配电网指标内涵，实时反映有源配电网运行状态，指导电网调度运行及后期规划建设。有源配电网指标主要包括：

（1）有源配电网功率上送安全水平。主要包括线路功率上送率、主变压器功率上送率、线路过载安全裕度、主变压器过载安全裕度和N-1主变压器过载安全裕度五个方面，有源配电网功率上送安全水平指标、有源配电网功率上送安全水平指标界面分别如图9-29、图9-30所示。

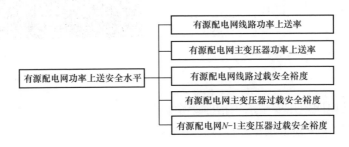

图 **9-29**　有源配电网功率上送安全水平指标

图 9-30 有源配电网功率上送安全
水平指标界面

有源配电网功率上送安全水平指标计算如下：

$$\eta_1 = \frac{n_1}{m_1} \times 100\% \qquad (9\text{-}3)$$

式中：η_1 为有源配电网线路功率上送率；n_1 为区域内有源配电网线路功率上送条数；m_1 为配电网线路总条数。

$$\eta_2 = \frac{n_2}{m_2} \times 100\% \qquad (9\text{-}4)$$

式中：η_2 为有源配电网线路过载安全裕度；n_2 为区域内新能源上送主变压器台数；m_2 为主变压器总台数。

$$\eta_{N-1} = \frac{n_{N-1}}{m_{N-1}} \times 100\% \qquad (9\text{-}5)$$

式中：η_{N-1} 为有源配电网 N-1 主变压器过载安全裕度；n_{N-1} 为计算主变压器 N-1 后，区域内新能源上送主变压器台数；m_{N-1} 为计算主变压器 N-1 后，主变压器总台数。

（2）有源配电网电压安全水平。包括母线电压安全水平和母线电压波动水平两个方面，有源配电网电压安全水平指标、有源配电网电压安全水平指标界面分别如图9-31、图9-32所示。

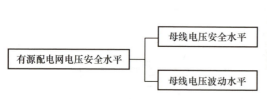

图 9-31 有源配电网电压安全水平指标

图 9-32 有源配电网电压安全
水平指标界面

有源配电网电压安全水平指标计算如下：

1）母线电压安全水平。计算公式如下：

$$\eta_V = \frac{V - V_{min}}{V_{max} - V_{min}} \times 100\% \qquad (9\text{-}6)$$

式中：V_{max} 为母线电压上限；V_{min} 为母线电压下限；V 为母线实际电压。

2）母线电压波动水平。采集 D5000 系统电压实时数据，15min 内电压变化值达到以下波动水平，认定为一次电压波动。

$$d = \frac{\Delta U}{U_n} \times 100\% \tag{9-7}$$

式中：ΔU 为两个极值电压之差；U_n 为系统标称电压。

根据母线电压等级不同，d 有不同的限值。不同母线电压等级 d 值见表 9-14。

表 9-14   不同母线电压等级 d 值

U_n	d	ΔU
110kV	2.5%	2.75
35kV	2.5%	0.875
10kV	2.5%	0.25

（3）有源配电网源载水平。分为有源配电网线路源载水平、有源配电网主变压器源载水平、有源配电网线路上送安全极限、有源配电网主变压器上送安全极限，有源配电网源载水平指标、有源配电网源载水平指标界面分别如图 9-33、图 9-34 所示。

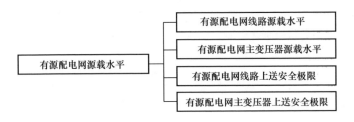

图 9-33   有源配电网源载水平指标

1）有源配电网线路源载水平。运行日当天结束后，对过去 24h 有源配电网线路下送负荷与分布式光伏上送情况，从电量维度进行分析，用于评估分布式清洁能源对当地电力需求贡献能力，评价电力供给侧低碳、近零碳水平。有源配电网线路源载水平示意图如图 9-35 所示。

$$\eta_{line} = \frac{Q_{up}}{Q_{down}} \times 100\% \tag{9-8}$$

式中：η_{line} 为有源配电网线路源载水平；Q_{up} 为运行日前一天上送电量；Q_{down} 为运行日前一天下送电量。

图 9-34 有源配电网源载水平指标界面

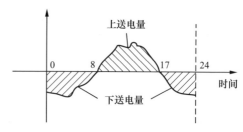

图 9-35 有源配电网线路源载水平示意图

单条线路源载水平 η_{line} 分为"高碳""低碳""近零碳"三个状态进行评价，单条线路源载水平见表 9-15。

表 9-15 单条线路源载水平

状态	高碳	低碳	近零碳
指标	$[0, 50\%)$	$[50\%, 100\%)$	$[100\%，+\infty)$
指示灯颜色	红色	橙色	绿色

全网线路源载水平结合 $F_{\eta_{line}>50\%}$ 进行评价，全网线路源载水平见表 9-16。

表 9-16 全网线路源载水平

状态	高碳	低碳	近零碳
指标	$[0, 50\%)$	$[50\%, 80\%)$	$[80\%, 100\%)$
指示灯颜色	红色	橙色	绿色

2）有源配电网主变压器源载水平。运行日当天结束后，对过去24h有源配电网主变压器下送负荷与分布式光伏上送情况，从电量维度进行分析。

3）有源配电网线路上送安全极限。运行日当天结束后，对过去24h有源配电网线路上送情况，从上送幅度、时长两个维度进行综合分析计算。具体计算公式如下：

$$\eta_{\text{line}} = \frac{I_{\text{real}}}{I_{\text{n}}} \times 100\% \tag{9-9}$$

式中：I_{real} 为线路实际上送电流；I_{n} 为线路允许载流量。

4）有源配电网主变压器上送安全极限。运行日当天结束后，对过去24h有源配电网主变压器上送情况，从上送幅度、时长两个维度进行综合分析计算。具体计算公式如下：

$$\eta_{\text{transf}} = \frac{I_{\text{mreal}}}{I_{\text{m}}} \times 100\% \tag{9-10}$$

式中：I_{mreal} 为主变压器高/中压侧实际电流；I_{m} 为主变压器高/中压侧额定电流。计算结果取主变压器高/中压侧上送安全极限较小值。

（4）分布式光伏感知控制水平。分为分布式光伏集中采集水平和分布式光伏集中控制水平，分布式光伏感知控制水平指标、分布式光伏感知控制水平指标界面分别如图9-36、图9-37所示。两指标计算如下：

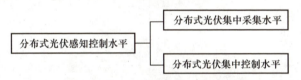

图 9-36　分布式光伏感知控制水平指标

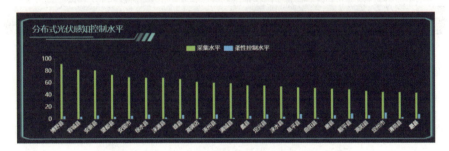

图 9-37　分布式光伏感知控制水平指标界面

$$\eta_{\text{a}} = \frac{C_1}{C_0} \times 100\% \tag{9-11}$$

式中：η_{a} 为分布式光伏集中采集水平；C_1 为能够直采分布式光伏装机容量；C_0 为分布式光伏装机总容量。

$$\eta_{\text{c}} = \frac{C_2}{C_0} \times 100\% \tag{9-12}$$

式中：η_{e} 为分布式光伏集中控制水平；C_2 为分布式光伏可控制装机容量。

（5）分布式光伏持续并网发电水平。分为电网侧主动支撑持续并网水平、有源配电网带电作业水平、有源配电网错时停电作业水平三方面，分布式光伏持续并网发电水平指标、分布式光伏持续并网发电水平指标界面如图9-38、图9-39所示。

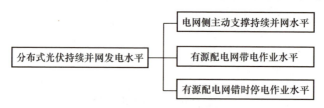

图 **9-38**　分布式光伏持续并网发电水平指标

图 **9-39**　分布式光伏持续并网发电水平指标界面

下面对三个指标分别介绍。

1）电网侧主动支撑持续并网水平：排名展示各县域电网侧主动支撑持续并网水平。具体计算公式如下：

$$\varphi_1 = \frac{N_1 + N_2}{N} \times 100\% \qquad (9\text{-}13)$$

式中：φ_1为电网侧主动支撑持续并网水平；N_1为OMS系统有源配电网带电作业工作票数；N_2为有源配电网夜间停电工作票数；N为有源配电网OMS工作票总数。

2）有源配电网带电作业水平：排名展示各县域有源配电网带电作业水平。

$$\varphi_2 = \frac{N_1}{N} \times 100\% \qquad (9\text{-}14)$$

3）有源配电网错时停电作业水平：排名展示各县域有源配电网错时停电作业水平。

$$\varphi_3 = \frac{N_2}{N} \times 100\% \qquad\qquad (9\text{-}15)$$

9.5 智能微网建设与实践

9.5.1 项目背景

王家寨村位于雄安新区安新县城东部，是白洋淀唯一不通陆路的纯水区村。由主村和14个小岛辅村组成，主村面积14.2万 m^2、小岛辅村面积0.8万～3.8万 m^2。村内街道为水区特色的狭窄胡同，现有居民1420户，总人口4230人。王家寨以民俗旅游、淡水养殖和苇箔加工为主，附近荷花观赏区内有荷塘15万 m^2，主要承接夏秋两季的观光游客。

1. 能源资源

王家寨太阳能资源较丰富，年光照辐射总量在1450～1500kWh/ m^2，适宜开发利用；风能资源不突出，仅能进行低风速风电开发利用；区域存在芦苇等生物质资源，可建设生物质发电；区域无燃气和地热资源。目前王家寨能源消费主要为居民生活和油船出行。消费结构以煤为主，2019年使用清洁煤约1079.6t，占比51.9%；电能消费占比42%；燃油消费占比6.1%。

2. 电网基础

村内现有配电变压器10台，容量2200kVA，户均配电变压器容量1.55kVA；进村导线为LGJ-50mm ^{2} 裸导线，2019年夏季、冬季最大负荷约为1.5MW、0.8MW，年用电量2160MWh。

3. 发展定位

《白洋淀生态环境治理和保护规划》明确提出"根据淀区生态承载能力、生态服务功能利用，适度保留有历史文化价值、水乡特色的部分村庄，人口逐步外迁，布局新功能。生态服务功能区的保留村庄，适度发展生态旅游和生态经济，打造北方水乡民俗特色村落"。王家寨发展定位如图9-40所示。

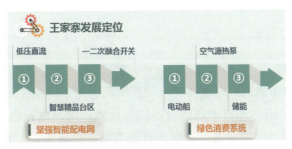

图 **9-40** 王家寨发展定位

9.5.2　项目基本情况

王家寨智能微电网示范是雄安数字化主动电网的首批落地实践工程，该项目基于清洁取暖与绿色用能的规划原则，在码头广场、学校和主村打造3个智能微电网，构建绿色全电示范村。重点建设以电、风、光、储和生物质为元素的能源侧供给系统，实现全时段绿色能源供应；广泛应用5G网络、北斗、柔性控制、多微网群调群控等技术手段，与空气源热泵、储能、充电设施等绿色能源消费系统进行智能柔性互动；融合应用智能灯杆、用户侧能效体验和无感服务等先进理念和技术，逐步推动能源供应清洁化、能源消费电气化、控制运维智能化和客户服务精益化，实现电能占终端能源消费比重100%、本期分布式能源消纳100%的目标，为雄安新区数字化主动电网建设提供实践经验。王家寨项目基本情况如图9-41所示。

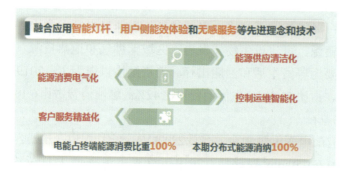

图 **9-41**　王家寨项目基本情况

王家寨智能微电网示范工程包括码头广场、学校和主村3个智能微电网，光伏总装机容量300kW，风力发电机4kW，储能总容量3300kWh。建设2个智慧精品台区，建设改造配电变压器4台，其中地埋变压器3台、箱式变压器1台，配电变压器总容量2290kVA；并建设6套户用光储、1个直流屋、压电步道以及智慧路灯等示范场景，增强示范效应。

9.5.3　建设方案

1. 能源网架

根据区域资源情况，电源侧建设以光伏发电为主、风电为辅的供电系统，灵活接入储能设施并预留生物质发电接入位置；电网侧建设智慧精品台区、地埋变压器、一二次融合开关、低压直流微网；负荷侧创新开展低压柔性负荷控制，满足电动车、电动船、空气源热泵电采暖等多元化用能需求。

根据初步勘察情况，区域可安装光伏装机总容量920kW，风力发电机4kW；以新能源100%消纳为目标，测算集中式＋分布式储能需求2666kWh。结合区域分布，在民俗村、学校、码头广场三个区域分别建设子微电网工程。王家寨项目可安装光伏装机总量、王家寨项目子微电网工程分别如图9-42、图9-43所示。

位置	设备	预估可安装容量
码头广场	光伏	10kW
菜园1	光伏	200kW
菜园2	光伏	300kW
学校屋顶	光伏	60kW
无水浅坑	光伏	200kW
1、2号民俗村	光伏	150kW

图 9-42　王家寨项目可安装光伏装机总量

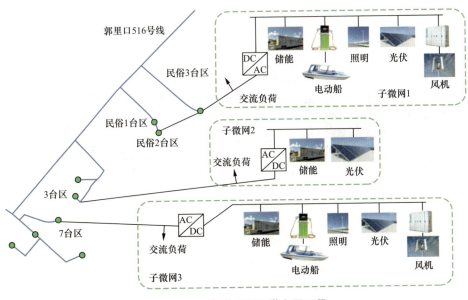

图 9-43　王家寨项目子微电网工程

根据区域负荷、光伏出力特性,采用天津大学开发的微网规划设计仿真软件进行随机生产模拟,测算5月负荷低谷期间,可实现王家寨全村连续86h的离网绿电供应。王家寨项目连续离网绿电供应示意图如图9-44所示。

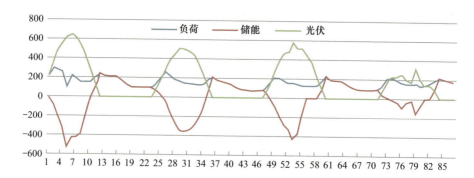

图 9-44　王家寨项目连续离网绿电供应示意图

子微网1:电源侧配置150kW光伏、2×1kW风电、687kWh台区级集中式储能,5套户用光储系统(2kW光伏+3kWh储能);电网侧配置2个快速充电桩,满足电动船、电动车充电需求;用户侧实现空气源热泵柔性负荷控制;预留生物质发电接入位置,王家寨项目子微网1示意图如图9-45所示。民俗村微网绿电供应小时数达2483h/年,最大实现连续4.8天(117h)的全时段绿电供应(3—7月)。

民俗村风貌　　　　分散式风电　　　　电气线路示意图

图 9-45　王家寨项目子微网 1 示意图

子微网2:电源侧配置360kW光伏、1075kWh台区级集中式储能,满足1800m²学校电采暖用电需求,实现停电不停暖,王家寨项目子微网2示意图如图9-46所示。学校微网绿电供应小时数达5654h/年,最大实现连续134天(3228h)的全时段绿电供应(3—7月)。

学校风貌

台区级储能示意

远红外电采暖示意

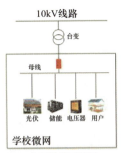
电气线路示意图

图 9-46 王家寨项目子微网 2 示意图

子微网3：电源侧配置410kW光伏、2×1kW风电、904kWh台区级集中式储能，电网侧建设直流配电网，负荷侧满足10个直流照明灯、2个充电桩等直流负荷用电和1组电动车充电棚用电需求，服务电动船、电瓶车、电动运输车或电动自行车，实现全村空气源热泵柔性负荷控制，预留生物质发电接入位置，王家寨项目子微网3示意图如图9-47所示。码头广场微网绿电供应小时数达5686h/年，最大实现连续143天（3446h）的全时段绿电供应（3—7月）。

码头广场风貌

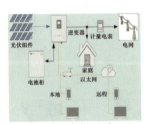
码头直流微网示意

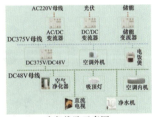
电气线路示意图

图 9-47 王家寨项目子微网 3 示意图

王家寨全村：光伏、储能等接入配电变压器低压侧，负荷低谷期间返送至10kV侧，进而转带全村负荷；绿电供应小时数达2463h/年，最大实现连续3.5天（86h）的全时段绿电供应。

考虑空气源热泵接入后，冬季典型日负荷峰值4.4MW。为满足电采暖用电需求，新建改造配电变压器12台，配电变压器容量达6300kVA，户均配电变压器容量由1.55kVA提高到4.43kVA；进村10kV线路由LJG-50mm^{2}改造为LJG-120mm^2，长度约2km；村内新建改造10kV线路1.2km，新建改造低压线11.6km。

在王家寨进村主干线上加装一二次深度融合柱上开关，具备10kV线路电气量采集功能及快速故障处理功能。通过北斗系统实现定位和精准对时，将10kV电路运行数据上传至配电自动化主站，实现精确定位和主动运维。

建设1个低压物联精品台区，低压侧加装能源控制器、智能分支开关、蓝牙断路器等智能化设备，实现设备运行在线监测、台区线损精益管理、台区拓扑自动识别、台区运行监测等；用户侧电能表加装HPLC模组，更换老旧电能表表箱，试点建设新型模组电能表和智慧表箱，挖掘智能电能表数据价值，实现客户侧用电负荷辨识及优化等功能，有效支撑公司对内应用及对外服务。

结合区域景观美化、低压电缆出线和展示屏外壳需求等，建设地埋式预装式变电站，初步考虑为主村新增的5号台区。

通过先进的无人机技术、通信技术、图像深度学习和识别、大数据处理和人工智能技术，开展无人机智慧巡检，可以准确识别拍摄器件，自动修正拍摄角度，并将巡检信息实时传递到远方监控平台，实现全区域、全方位无人智慧巡检。

在码头广场建设低压直流示范工程，灵活接入分布式光伏、储能等电源设施，沿码头广场建设直流路灯、直流充电设施和直流展示屏，打造全绿电直流示范码头，码头广场低压直流示范工程如图9-48所示。

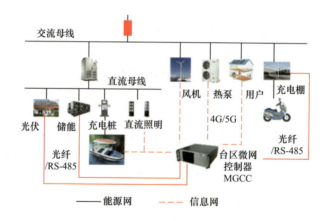

设备	规模
光伏	410kW
储能	904kWh
风机	2×1kW
充电桩	2个
直流景观灯	10个
电动车充电棚	充电设施3kW
服务充电设施	2个电动船或电瓶车 10个电动运输车 或电动自行车

图 9-48　码头广场低压直流示范工程

完成1420户空气源热泵煤改电，通过加装无线通信终端，具备柔性功率控制功能；安装4个充电桩和1组光伏充电车棚，以方便电动船、电瓶车、电动三轮车或电动自行车充电，提高区域电能占终端能源消费比重。

在码头广场依托低压直流示范工程，建设无感接触用电能效体验区；在民俗园、村委会、学校适宜位置各建设1套光伏伞，提供休闲乘凉、便捷充电等服务，打造以电为中心的能效体验景观；在码头广场、村委会、博物馆、超市、餐馆等场所，提供共享充电宝服务，并可在全村随机归还，提高服务体验。码头广场无感接触用电能效体验区如图9-49所示。

无感触电体验　　　　　　光伏伞　　　　　　共享充电宝

图 9-49　码头广场无感接触用电能效体验区

结合王家寨淀中旅游村的发展定位，通过无感电力服务模式，实现村民接电、增容、改户、缴费等业务足不出户，外来游客、短租住户一键通电、随时结算，打造一流的营商环境。无感电力服务模式示意图如图9-50所示。

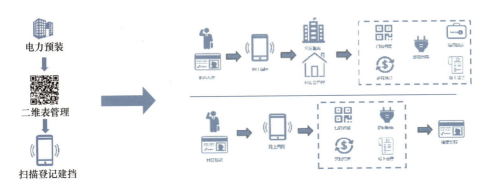

图 9-50　无感电力服务模式示意图

2. 信息支撑

以城市智慧能源管控系统（CIEMS）、微网控制服务系统为核心，灵活采用5G、光纤、RS-485等多种通信方式，为能源互联网建设提供坚强信息技术支撑，王家寨项目信息支撑技术示意图如图9-51所示。

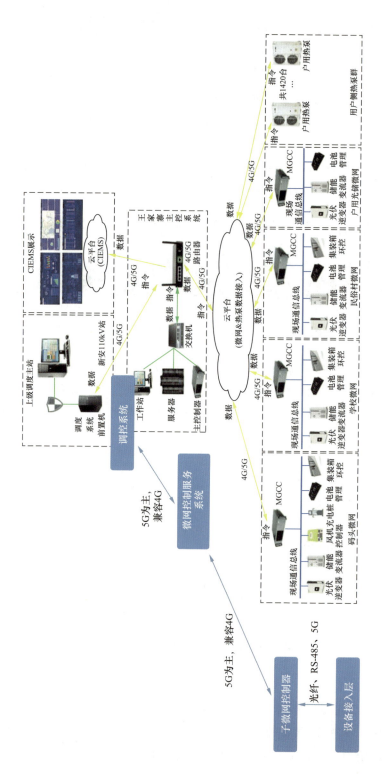

图 9-51 王家寨项目信息支撑技术示意图

基于5G技术，实时传输风光储、车船泵的运行状态信息和微网系统控制指令，实现运行控制的数字化和智能化。底层上传的信息主要包括电气量、告警信息、状态信息等；上层下达的信息主要包括开关动作指令、功率调节指令、状态转换指令等。子微网控制器层、微网控制服务系统层和调度系统之间会根据故障情况、资源状况、人为决策等传递并离网和黑启动信息。王家寨项目运行控制示意图如图9-52所示。

图 **9-52** 王家寨项目运行控制示意图

微电网主控系统内嵌并离网模式切换、并网运行、离网黑启动等多种运行控制策略，实现3个子微网群调群控和源网荷储协调运行，子微网群调群控示意图如图9-53所示。

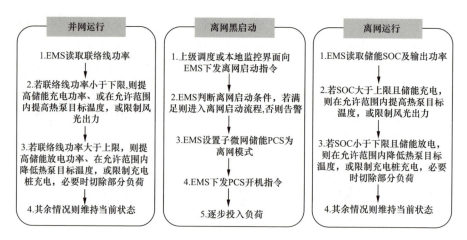

并网运行	离网黑启动	离网运行
1.EMS读取联络线功率	1.上级调度或本地监控界面向EMS下发离网启动指令	1.EMS读取储能SOC及输出功率
2.若联络线功率小于下限，则提高储能充电功率、或在允许范围内提高热泵目标温度，或限制风光出力	2.EMS判断离网启动条件，若满足则进入离网启动流程，否则告警	2.若SOC大于上限且储能充电，则在允许范围内提高热泵目标温度，或限制风光出力
3.若联络线功率大于上限，则提高储能放电功率、在允许范围内降低热泵目标温度，或限制充电桩充电，必要时切除部分负荷	3.EMS设置子微网储能PCS为离网模式	3.若SOC小于下限且储能放电，则在允许范围内降低热泵目标温度，或限制充电桩充电，必要时切除部分负荷
4.其余情况则维持当前状态	4.EMS下发PCS开机指令	4.其余情况则维持当前状态
	5.逐步投入负荷	

图 9-53 子微网群调群控示意图

建设微电网控制服务系统，提供一键黑启动、分布式电源全景感知及智能预测、电压自治、平滑联络线功率、并/离网保护自适应等服务，具备多维数据查询和设备动态可视化展示等功能。

3. 价值创造

实现能源供应清洁化，主动规划统筹岛屿风、光、生物质等绿色资源布局，基于水乡特色供电需求，优化区域能源供给模式，灵活建设集中式储能和户用分布式储能，提高可再生资源利用率，能源供应清洁化示意图如图9-54所示。民俗村、学校、码头广场新能源发电量占区域用电量12.8%、38.1%和34.7%。

图 9-54 能源供应清洁化示意图

实现能源消费电气化，结合旅游观光特色，在码头水岸、学校、民俗村等景区或地点，建设电动船等交直流充电设施、直流路灯等清洁用能元素，推广空气源热泵取暖，打造绿色用能典范，能源消费电气化示意图如图9-55所示。电能占终端能源消费比重提升至95%以上，支撑绿色美丽乡村建设。

图 **9-55** 能源消费电气化示意图

实现控制运维智能化，实时监视电网运行信息，主动控制网络拓扑、电力设备和源荷侧资源，控制运维智能化示意图如图9-56所示。基于微电网控制服务系统，提供一键黑启动、电压自治、并离网保护自适应等功能，为用户提供可靠电力服务。终端智能化化率100%，户均年均停电时间减少45%，降至14.2h。

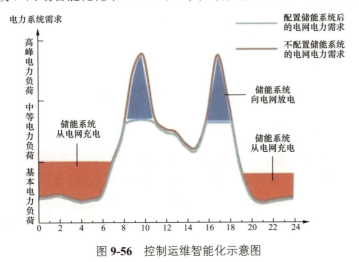

图 **9-56** 控制运维智能化示意图

实现客户服务精益化，应用智慧精品台区、无人机巡检等技术，实现设备缺陷管理、故障告警、电压监测，为用户提供主动运维等服务。应用无感服务技术，实现一键通电、随时结算、足不出户缴费等优质服务，客户服务精益化示意图如图9-57所示。

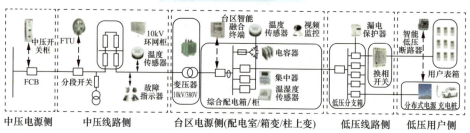

图 9-57 客户服务精益化示意图

9.5.4 开展情况及成效

1. 工作开展情况

王家寨绿色智能微电网工程主体建成投运，投入试运行以来各个子工程进展情况如下：

（1）码头广场微电网工程：已完成储能系统、630kVA终端型地埋变压器、精确录波型故障指示器、智能监控摄像头的建设，微电网已实现并离网切换，地埋变压器已实现大屏展示功能，智慧精品台区已具备手机App展示功能。地埋变台区6套户用光储场景示范已完成投运，可实现用户光伏发电实现自发自用、余量上网。直流屋、压电步道、智慧路灯、无线充电和风机发电等场景示范已经建成落地，具有良好的展示条件。

（2）学校微电网工程：已完成630kVA环网型地埋变压器、储能系统建设，可实现并离网切换。

（3）农庄微电网工程：将原定于民俗村的农庄微电网移位至主村，已经完成了储能建设，并投入运行。

（4）系统部署情况：微网控制系统已完成本地部署，学校微电网已具备并离网切换、孤岛运行功能；码头微电网和学校微电网已完成子站调试，具备数据监控和展示条件；微网群主控系统已完成研发和功能测试，初步具备展示条件

（5）配套煤改电工程：包含高压线路改造和配电变压器改造：高压线路部分包括10kV线路路径2.79km、地埋变压器电缆接引路径0.73km、新装10kV三相隔离开关14组、新装防鸟设备62台、新装防雷设备12台、新装10kV交流避雷器18台、新装拉线12根、新立水泥杆41基，基础加固19基。配电变压器改造部分包括新建变压器8台、改造配电变压器1台、移装变压器2台。

2. 取得成效

王家寨绿色智能微电网工程强调主动智能控制现代配电网中的各种可控资源，将解决高渗透率分布式电源接入配电网后引起的随机、间歇、波动、难以控制等问题，实现电能占终端能源消费比重和分布式能源消纳率显著提升的目标，离网运行时全村最长可连续运行38.37h，年户均停电时间将减少80%，每年可减少燃煤2080t，减少二氧化碳排放5184.4t，为雄安新区数字化主动电网建设提供实践经验。王家寨项目成效如图9-58所示。

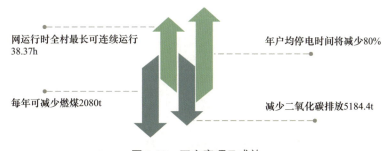

网运行时全村最长可连续运行38.37h

年户均停电时间将减少80%

每年可减少燃煤2080t

减少二氧化碳排放5184.4t

图 9-58 王家寨项目成效

王家寨项目通过在配电网侧构建多层级风光储一体化微电网，用更加经济有效的手段解决了白洋淀区域的清洁取暖需求，提高了农村电网对清洁能源和多元化负荷的接纳能力；通过应用全景智能系统等数字化手段，构建数

字孪生电网，打造"网上电网"个性化功能；通过应用地埋变压器、压电步道等创新元素，实现了电力设施与居民生活的友好融合。王家寨项目符合以新能源为主体的新一代电力系统的特征要求，是广泛互联、智能互动、灵活柔性、安全可控新一代电力系统的村级示范，体现了一流的品牌规划理念，树立了公司的一流品牌形象。